天才孩子的教育

刘英杰　编

培养财商型的孩子

黄河水利出版社
·郑州·

图书在版编目(CIP)数据

培养财商型的孩子/刘英杰编.—郑州:黄河水利出版社,2016.10 (2021.8 重印)
(天才孩子的教育)
ISBN 978-7-5509-1489-6

Ⅰ.①培… Ⅱ.①刘… Ⅲ.①财务管理-青少年读物 Ⅳ.①TS976.15-49

中国版本图书馆CIP数据核字(2016)第175285号

出版发行:黄河水利出版社
社　址:河南省郑州市顺河路黄委会综合楼14层
电　话:0371-66026940　　邮政编码:450003
网　址:http://www.yrcp.com

印　刷:三河市人民印务有限公司
开　本:710mm × 1000mm　1/16
印　张:14.25
字　数:201千字
版　次:2016年10月第1版　2021年8月第3次印刷
定　价:58.00元

目 录

一、发现财商型孩子

二、从小处着手 从细节着眼

三、财商型孩子的成长

四、财商型孩子的成长训练

五、财商型孩子的才能训练

六、终身发展规划

七、相应的管教方法

八、智慧之旅

一、发现财商型孩子

随着人类社会的发展，天才也将越来越多：一方面是因为物质生活水平的提高，使更多的儿童得到了健康的发展；另一方面，还因为科学文化的进步，为我们认识天才，发掘天才提供了更科学的指导，以及更公正、更宽容的理解。

每一个孩子身上都有财商天赋

在实际生活中，天才的类型远远超出了人们的想象，如文学天才、竞技天才、体育天才、心算天才、游戏天才等，他们活跃在社会的各个领域、各个行业。随着人类社会的发展，天才也将越来越多：一方面，物质生活水平的提高，使更多的儿童得到了健康的发展；另一方面，科学文化的进步，为我们认识天才、发掘天才提供了更科学的指导方法以及更公正、更宽容的理解。以残障儿童为例，虽然他们由于身体某个方面的缺陷或残疾妨碍了他们像正常人一样充分地表现自己的才能，但决不意味着他们不会是天才。现代意义上的天才，是指在社会生活某一领域表现出与常人不同的非凡才能。所以，各种类型的残疾人、智障人中也会有在某一领域或某几个领域中表现出非凡的才能的人，所以这些人也是天才，只不过是另一类型的天才。人们所熟知的海伦·凯勒，就是这种既有身体缺陷又有非凡才能，并取得显著成就的典型例子。而“弱智儿”周舟的表现，也足以证明他具有非凡的音乐天赋。

事实上，在过去取得成就的“另类天才”中，大多数都不是人们刻意培

养的。没有人在他们成功的道路上有造就之功，更多的都是他们自己努力的结果，或是一些偶然的因素促成了“另类天才”的成功。现实表明，残障人也有可供开发的潜能，并非每一项都不如别人。有的人甚至智商也很高。人们曾经对他们进行过测试。很多残障人的智商都在145左右，有的甚至超了145，可称得上是“聪明人”，但可能由于个人性格心理上的障碍，以及诸多家庭方面的原因，未能接受适宜的教育和帮助，造成他们成年后成就平平。

作为一个团体，“另类天才”可能会由于受到同伴的拒绝、对抗和敌对而产生压抑感；由于防御性，他们倾向于指责别人，而攻击性或退缩性行为是由于有一种劣等感。他们对生活的消极态度，形成了许多不利因素，严重地妨碍了他们的成长。然而这无疑都与家庭、社会有关。在高度发达的现代文明中，他们同样有越来越光明、越来越美好的前途。

毫无疑问“另类天才”儿童与正常儿童中的天才有共同的特征，但“另类天才”儿童特征的表现形式受到了个人不同缺陷的限制，这就需要我们更认真更努力，尽量正确地加以鉴别。而且，这种鉴别工作做得越早越好，对“另类天才”儿童的教育，既要注意提高他们的心理承受能力，又要确定切实可行的目标和期望，发展优势、补偿不足。家长对他们与常人的差异应当有极敏锐的觉察力，用富于特色、个性的教育方法促进其发育、发展、成功。

我们相信，每个父母都了解自己孩子的灵性与才智，尤其是那些相对敏感的父母，如果你认定自己的孩子具有某方面才能或具有某些优势，那一定如此。只有父母最了解自己的孩子。有人说，鞋子合不合脚只有自己知道，而对培养孩子而言，特别是培养财商型孩子更是如此。事实上是，孩子有没有培养前途只有父母知道，若孩子没有培养前途其他人是难以知道的。因为知道孩子有培养前途的父母是了解他的。但他并不了解同为孩子父母的另一方，所以“有”是可以完全肯定的，“没有”是不能断定的。

我们要说的另一点，是不为一般父母所了解的，那就是：第一，每隔一代人，人的脑细胞就会增加15万至20万个。所以孩子肯定可以比父母更

加聪明。第二,人类的智力思维能力,包括智慧是“集体遗传”的,而不是直接遗传的,所以天才的民族中天才多。每一个孩子都是天才,关键是能不能把孩子当成天才去培养。第三,脑细胞的发展、联结形成智力型的网络,是大脑细胞裂变或者说是突变的结果。人们只了解突变周期与儿童成长的关系,但并不了解大脑细胞产生突变的原因,这仍然是人类大脑的一个谜。现在人们无论从哪个学科都不能给正常的儿童包括部分有缺陷的儿童做没有前程的推断。特别是下一代人,他们比上一代人多15万至20万个脑细胞。而人的大脑正是由于脑细胞的增加,脑细胞活动能力与突变突然增加了,因而人的潜能就增加了无数倍,到了令人吃惊的地步。

对天才的理解与其说是天生的禀赋,不如说是社会的需要、现实的需要。在人类的发展史上,每个时代都有各自独特的天才。在古代斯巴达的战争社会,人们唯一的理想就是在最广泛的程度上获得战争的胜利。因此,那些体魄威武,在格斗或战争领导方面表现出非凡力量和才能的人就被称颂为“天才”,并由此受到尊重和拥戴。实际上,他们是斯巴达克斯型的英雄人物。而古希腊时候,人们崇尚写作、历史、数学、文化艺术。尤其是才华横溢、语言优美、能说会道的人,被赋予了特殊的荣誉,因此,那些能言善辩的雄辩家,就是名副其实的天才,当时的柏拉图就是那个时期的“天才”。

随着历史的演变,法学家、建筑工程师、作家、画家、雕刻家一一登上了“天才”的舞台。17世纪以后的音乐家、艺术家,自然科学家、思想家迎来了自己的繁荣时期,那个时代可称得上是真正的天才时代。然而21世纪的天才将是另外一番景象,他们既不是拿破仑,也不是丘吉尔、罗斯福,更不是爱因斯坦、默尔海本,他们更像卡特、格林斯潘、卓别林、索罗斯。而最大的不同之处就在于他们不再是过去那种人类社会中能够改变社会面貌、拯救国家以及民族命运的杰出人物。他们将是同样拥有非凡的创造才能,某一个行业的宝贵资源和社会精英。正因为如此,传统的天才儿童的思想面临着严峻的挑战。

对财商型孩子的培养,应继承“有教无类”、“因材施教”的基本思想,然

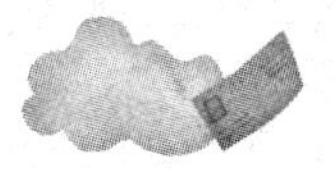

后在此基础上加以扩展，使每一个儿童都获得各自的发展机遇，保证更多的少年儿童得以成才，把每一个儿童都当做“尖子”学生看待。培养天才的奇迹似乎总是为那些最富有父爱母爱的父母们所创造，而不是那些指望在两年一次的世界天才儿童大会上念论文的专家教授。迄今为止，所有的对儿童智力测试遗传的研究，天才发现、发展的追踪报告都不足以说明天才成长的规律。培养天才的实践并没有结束，只不过刚刚开始。

除了对天才的理解支持和基本的理论指导以外，可以说任何天才儿童的思想，对具体的儿童成长都没有太大的意义。对儿童特殊才能的培养，特别的学校和特别的设施，一直都在迅猛发展之中。天才的理解和意义最终不会是天才的理论，而是如何普及到更多的人。因此，我们提倡，一切从现在开始，从每一个孩子开始，开始一个全新的发现天才儿童之旅。就像李政道博士所说的那种“理科”人才，可以像文艺、体育那样从小培养，普及传统的特殊教育。因为，未来社会需要更多的精英，我们不仅需要智力超常的儿童，更需要才艺超常、综合能力超常的儿童。

父母应该知道的事儿

事实上，人的大脑真正得到开发利用的是非常小的一部分。培养财商型孩子的目的正是开发大脑更多可利用的部分。如此一看，一个孩子究竟有多大的潜力是无法衡量的。这就是牧师威特怎样把痴呆儿塑造成神童的，这并不是今天的人能够做到的。伊萨克·牛顿是天才的物理学家、数学家、天文学家，是经典物理学的奠基人，但他不是天生的天才，他是一个早产儿，身体瘦弱甚至被认为是低能人，但他最终成为了一代科学巨人。像他这样的情况在真正的天才人群中非常普遍，大名鼎鼎的爱因斯坦也是如此，幼年发育迟缓，四五岁时还不大会说话，心不灵手脚也笨，但这并不妨碍他最终成为“天才”。而培养孩子的意义就在这里。每一个孩子都可以成为天才，关键是如何培养。

发掘孩子的财商天赋需要一双慧眼

世上没有完全相同的砂子，也没有完全相同的孩子，每一个孩子都是

独一无二的。因此，每一个孩子的培养都必须有与众不同的地方，特质就是天才的显现，如何理解孩子的特质是培养孩子的关键。能否发现孩子的特质是我们的眼光，怎样去发现孩子的特质是我们的能力。以今天的观点来看，才能可分为三种形态：一是智商、二是情商、三是财商。这三种形态好像是完全概括了人的各种才能，我们可以说这是绝对正确的认识。因为就今天的科学技术、文化艺术和社会实践的发展来看，智商、情商、财商确实是人的三种基本才能表现的结果。但是我们并不能保证，五十年以后或者说是一百年以后，这种认识或者说是这种简单的对人的才能的划分法还是正确的。因为社会的发展越来越快，社会的发展以现实为基础，并形成新的现实，在那个新现实中，需要怎样的才能，或者说是怎样的才能充分发展“超前发展”的结果，我们不便断言，但可以肯定绝对不是三种才能均衡发展的结果。我们之所以最先认识到人的体力，之后认识到人的智力、智商，再到情商和财商，就是人类社会不同阶段人的各种能力在不同时期充分表现的原因。

只有在这样的基础上，才能帮助我们正确地理解孩子的特质，即出类拔萃是特质，平平常常也是特质。传统的认识只是我们理解孩子行为表现的基本常识，并且可以说幼年和少年时期表现出类拔萃的孩子并不比表现平平常常的孩子有多大优势。因为，看似平平常常的孩子，他潜在的与生俱来的优势可能会在发育发展的下一个阶段表现出来，出类拔萃仅仅是我们的“理想”，而并非他们的现实。在现实中，我们没有能力主控整个社会形态让他们从一个“理想”(我们在他们身上实现的最初的理想)走向另一个“理想”(我们希望看到的最终结果)。我们已经成为“过去”，我们并没有给他们留下一个理想的现实，所以这些理想缺乏现实的基础。而生活的魅力，正是这种“不确定性”包藏着危机与恐慌的魅力。他们会比我们更早体会到这一点。诚如人们所关心的“早熟”，我们以自己的眼光去看待他们，对他们的现实而言，是多么不合时宜和可笑啊。

健康的孩子都是“早熟”的孩子，我们需要的是以现代的头脑去理解他们的“毛病”、“偏差”。最保守的做法，我们也可以将他们分为才智优先型、

才情优先型、才能优先型。这三种能力与我们现在认识到的智商、情商、财商相吻合。这里讲的少年儿童的“才能”，是他们最早表现出的动手、动脑、应对恐惧、独立行事的综合能力。由于他们这时的脑力处于“散发”即观察理解阶段，所以还不能表现为直接的智力。中国人认为小孩是“三岁看到老”，就是指一个孩子在成长过程中，这三种以优先带动整体的才能的发展趋势通常不会改变，但不是所有的孩子都不变，不变是有原因的，变也是有原因的。中国人的这种传统的看法是以孩子将来能否吃苦耐劳、身体是否健康、是否会孝敬长辈为出发点，所以对大多数孩子的成长是有害的。因为这个观点只对财商型孩子最有利，也是中国人传统的大器晚成的有力注脚，智商型孩子的优势被忽略，对情商型孩子更是一种打击。须知，不同类型、不同特质的孩子，各有各的优势，被忽略、受打击是对多数孩子成为天才的最大的“杀手”。我们没有任何理由忽略一个孩子，更不能“打击”孩子。我们需要理解孩子，理解每一个孩子，真正地爱护他们，才能发现他们的特质。事实上智力优先发展型的孩子在成长过程中，往往具有明显的优势，而才情优先发展型的孩子在“三类天才”的全程快车中，是最早搭上天才快车的孩子，他们有可能在14岁就成才，一直到28岁这个年龄段机会都属于他们，他们可能在艺术或准艺术领域里脱颖而出，大显身手。而智力优先发展型是在24岁开始搭上天才快车的，所以我们称其为中班车，在之后的14岁到38岁，是他们的完全成长期，慢慢地他们会成为各个领域的专业天才。

需要说明的是，才情优先型与才智优先型、才能优先型是可以互相转变的，早先才能优先发展的后来可能智商领先，也可能是情商得到充分发展。随着更多的机遇，进入艺术领域或专业领域，才情优先型与才智优先型也会因为“一优而全优”变成全面发展或具有了其他才能而发生转变，改乘“中班”或“晚班”快车。由此可见，每一个孩子都是天才，都有许许多多的成才机会，关键是需要我们去理解、关心、保护，最终促其成功。

如果我们引用过去的天才儿童及传统的神童的思想，它的害处将大大超过其益处，即使我们用当代的“超常儿童”的概念去理解，对孩子也是非

常有害的。因为，那种标准的“神童”大概百万个儿童里才有一个。但是我们若以20世纪初特曼的“才智”和“天才”的140分和170分的智商值去理解，这个比例将成几十倍几百倍地提高；如果再以美国现代教育专家西德尼·马兰提出的由专业资格人士所确认的才智与高天资的定义，即把儿童的杰出能力理解为：一般性的智慧能力（高智力）、特殊的学术才能（在一个甘愿做出努力的领域所表现出的非凡才能）、创造性的或富有成效的思维（创造新颖、复杂、丰富思想的非凡才能）、领导能力（鼓励他人达到共同目的的非凡才能）、视觉和表演艺术（绘画、雕塑、戏剧、舞蹈、音乐等艺术追求中的非凡天资）、掌握运动能力（如竞技、技巧等非凡的才能）。那么，天才的比例就和我们的现实生活比较接近了。1983年，美国28个州，运用马兰的上述定义鉴别天才儿童，大概占4%。

对天才的认知，一直在接近我们的现实。在马兰之后伦朱利给天才下的三维模型定义加上了下列三种因素的相互作用，发展了天才的新概念：中等以上的智力（包括一般智力和特殊能力）、非凡的注意力（包括强烈的动机、责任心等）、杰出的创造力。他认为，这三个因素的结合可以造就人的成就，而且应该是我们研究天才儿童的重点。天才儿童是具有三种特征，或有能力表现出三种特征，以及能将其应用于任何社会领域的人。他意识到，高智力或学业能力本身并不直接造就而后的成就。

伦朱利的定义有两个进步：第一，它的意义集中在有助于鉴别最有可能发挥创造性的、富有成果的儿童特征的组合；第二，排除了鉴别天才类别的需要，同时把天才潜能的应用范围扩大到被社会所认可的任何领域。而今天我们对“三类天才”的划分可以说是特殊天才的“普及版”。事实上，智力（中等及中等以上）、专注力、创造力（包括综合才能），任何一种能力的超常发挥，都可以成就一个天才，这样就可以理解我们所介绍的专业天才、艺术天才以及天才首领的三个通俗的概念，这个概念将天才的比例由马兰的4%提高了10%至30%，这是研究者和专家难以理解的，然而它将主导21世纪我们对儿童的培养和教育，更准确地说应该是培养与训练。如果说认识可以改变现实的话，那“三类天才”的思想，将改变对天才儿童的培养。并

且把溺爱、放任、严格教育三种不同的相互独立的思想引入到教育理论中来。这既继承了智商说、遗传——环境综合观、多因素理论,也是对诸多观念的发展。古代的社会经济状况,不能说明人的才能的发展,人的智力也不会停留在过去的水平上,而社会的需求更是以我们难以想象的速度在发展变化。"特殊"天才的培养,将向常态天才的训练转变。

财商型孩子从七八岁开始,难以管教的特性就表现出来了。随着孩子年龄的增长,他们对父母的管教也逐渐有些不耐烦,或以冷言冷语相对,甚至高声叫嚷反抗,对这样的孩子,做父母的所要遵守的就是,完成一分钟责备法的所有步骤,其他就不必多说了。

什么是一分钟责备法?

现举一例说明如下:

一个16岁的孩子驾车出游刚刚到家,比预定回家时间晚了一个半小时,她的双亲都站在家门口等她。她知道父母少不了又要数落她一顿,所以她很没礼貌地从他们身边冲了过去,朝着走廊向她的房间门口走去。她说:"我不要听你们长篇大论的教训,我宁愿你们直截了当地说不准我出去,也不要再来这套烦死人的教训了!"

她的父母亲跟在她后面,快步地走向她的房间,父亲开始责备她了。如果她以冷言冷语、无理取闹,或顶嘴反抗等态度来打断父亲的责骂,他们就干脆等她讲完再接着教育她。当责骂的半分钟时间到了,这个孩子的父母亲都再次地提醒他们是多么爱她,然后静静地离开了。责骂也就到此告一段落。

孩子们都毫无疑问地确定,你有足够的气力去对付他们,对他们关爱的程度也足够去支持他们。这是比什么都重要的,也是他们最想知道的。无论你的子女用的是什么防卫伎俩,只要你能确定无误,坚决地履行并完成一分钟责备法,你就能有效地打动他们的心。

要完全遵照这里所介绍的方式来完成这种一分钟责备法:30秒钟的高情绪怒骂,一个深呼吸,然后突然地急转直下,另外30秒钟同样强度的温柔和慈爱的亲情流露。有勇气、有耐心地持之以恒,你会得到丰硕的成果的。

了解孩子的表现和特征

财商型孩子是具有高度创造性才能的儿童，他们从小就表现出很强的能力，容易闯祸，在成长过程中总是让家长、老师伤透脑筋。他们不像情商型孩子那样看起来文静可爱，也不像智商型孩子那样总是让父母老师感到称心如意，他们给人的感觉往往是过于顽皮，仿佛是“头上长角，身上长刺”一样难以管教。然而，这正是他们称得上是天才的表现，他们最容易接受新思想、新观念，他们的行为仿佛总是表现得很“前卫”，而实际上他们的成长总是代表着一种新的价值观念的诞生。

无论什么时候，无论是悲是苦，他们都是现实生活这出剧本里的主人翁。在生活中，他们常表现为自我欣赏，自我满足，对社会活动、新生事物有较强的兴趣，喜欢独立地判断思考问题，对学习思考问题比学习本身更感兴趣，偏好复杂的事物，这是其他类型的儿童少有的。此外，他们还敢于抵抗团体压力，敢于表达相反的意见，喜欢联想、幻想，以及敢冒较大的风险。

他们的创新以及模仿能力都很强，他们喜欢思考也善于思考，这是他们最显著的特点，也是最容易得到人们肯定的优点。他们有较强的团队意识，富于“认同感”，对自己以及家庭所处的社会地位或阶层十分敏感，他们最迷人之处表现在性格外向、热情、机敏，对难以弄懂的问题，抱有浓厚的兴趣。他们有时思想表现为凌乱和不切实际，但不会期求通过幻想而脱离现实。

著名学者塔夫脱认为具有高度创造性才能的儿童，大致有如下表现和特征：

好问。

喜欢以其独特的方式做事。

喜欢独自工作。

喜欢动手，参与意识强。

想象力丰富。

具有通过多种途径思考达到目的的能力，"歪点子"多。

有解决实际问题的能力。

能产生新颖的思维。

毫无限制地表达不同意见。

喜欢并情愿冒风险。

具有强烈的爱恨意识。

对人的本性非常敏感。

办事不注意方法，并对细节缺乏兴趣。

对社会的可接纳性缺乏注意。

有好高骛远的倾向。

父母应该知道的事儿

如果我们对孩子缺乏足够的宽容和爱，他们就很难成为天才。就像我们不能理解我们还未理解的事，我们也很难理解孩子们的成长，如果用我们的价值体系去衡量他们"这是荒唐的"；用我们观点去看待他们"这是无知的"；用我们的方式去训练他们"这是错误的"，如果这样他们能成为天才的可能性相当小。

而实际上，他们之中成功的非常多，因为他们比我们聪明，他们受我们教育、听我们讲道理，但并没有完全按我们的意思去做。因为没有不变的理，他们知道这个世界上只有变才是不变的。即使是一个"质"无法改变的东西，其"量"也在不停地变。现实世界的变化，比我们想象的来得快得多、大得多，人们往往以保守的观念去衡量现在的孩子，不仅非常落伍，也非常有害。以过去的标准去要求现在的孩子，等待你的只有失望，似乎没有一个孩子可以成才。

事实却并非如此，这就是我们的想象与现实的差距。我们早已衰退的大脑不再有灵敏的思维，不能为他们再做些什么。他们诞生在一个新的现实中，这个新现实给了他们非同寻常的感觉，给予他们与我们不一样的智慧，保证他们在这个新现实中发掘新思维、新智慧，获取成功。

左、右脑要均衡发展

每一个孩子可以成功的机会都有很多,但大多数的成功都与父母有着直接的关系。在孩子成长的过程中,没有谁比父母对他们的影响更大!父母的努力决定了他们的外部环境。他们自身的努力只是使自己在这样的环境里如何保证做得更好,而无法突破环境的限制。他们到了一定的年龄感受到环境的限制之后,便开始萌生独立意识,而这种独立意识外在的表现往往首先是挣脱父母的束缚。对父母的不满还会使他们产生逆反心理。所以从某种意义上来讲,很多素质较差的父母往往意识不到这一点。

少年儿童作为充满灵性的生命,他们对周围环境的反应是非常敏感的,环境对他们的成长是否有利,他们能非常准确地感受出来。年幼的他们无法用完整的理性的方式进行思考,但他们所感受到的压力会帮助他们做出判断和选择,并以非理性的情绪和方式表现出来。他们的各种情绪深刻地表达了他们的潜能、愿望及要求。一个因逆反心理和恶劣情绪而毁掉前程的青少年,其实是被他们的父母所毁灭的。因为孩子无法选择父母、无法选择环境,他们要想成功相当困难。所以,他们若想获得成功,首先要改变自己的命运,改造自己的生活。

“孟母三迁”就是父母可以做到的事,但并非每一个父母都那么为了孩子不遗余力,为孩子创造良好的成长环境可以做的事非常多,每一个父母都必须要有为孩子改造环境的意识。如果没有能力改变环境,那么就应该考虑改造自己。因为每一个父母都是孩子成长的“环境”。父母这个“环境”比社区环境更重要,特别是对智力发育迟缓的儿童来讲,大门外的那个环境对他没有多少意义。一个充满爱心的母亲,可以通过训练培养使一个弱智儿智力得到开发,进而读完小学、中学、大学。今天人们在这方面创造出了许多奇迹,其实这是再正常不过的了。如果一个孩子是天生的弱者,那么让他来到这个世界上的父母就应该承担起自己的责任,帮助他、教育他,使他成为一个强者。为他创造与其他孩子公平竞争的条件,这是一个基本准则。没有不能成功的孩子,也没有不能培养的智障儿童。现代人创

造的奇迹说明，即使是弱智儿，他们的智力、才智、才能也可以得到发展，同样可能成为天才。

居于进化巅峰的人类，具备可克服任何环境困难来维持其生存能力的“脑力”。狼童的头脑亦善于学习狼的习性，可适应其环境。为提高环境的适应性，言行控制中枢的大脑，最好在出生时呈白纸状态，也就是尚未形成神经网络的状态。这恰如记忆容量较大的电脑，具备多功能且能输入因应状况的程序以发挥其功能。

大脑在尝试错误的行动中，一旦做出圆满适应的行动时，即以形成神经网的形式记忆其行动模式。它经常读进更能反映圆满的行为程序，所以早期培养就显得特别重要。

人脑的形成类似生物进化的过程。在母体内先由早期进化的部分开始发育，在胚胎发育三个月的阶段，像爬虫类的脑会先形成求取生存功能的神经控制中枢，形成哺乳类大脑的内分泌控制中枢，主要部分有下视丘与脑垂体约在胚胎发育六个月期间等，这些神经中枢是与生俱来的，控制程序编入在器官结构里，完全没有个人差别，也没有脑力差异等问题存在。

另外，大脑思考控制中枢，自胚胎发育6个月前后到出生之前逐渐形成。最近的研究认为，控制的程序并不是与生俱来的，而是在出生后各种经验中，经过尝试错误的学习所产生的。因此，累积不同的经验，即可形成不同的神经网络或机能，进而显示个体能力的差异。可见，本质上人类脑力并没有差异，而是依据神经网路的学习形成的，可以掌握任何能力。

怀孕第五个月，即在第十五周左右，胎儿脑部从中心部位开始形成，脑干的细胞开始长成，其接线工作大体完成。脑干是鼓动心脏、司掌呼吸及消化吸收、维持胎儿生命的重要部位。具有感觉、意识、智能等功能的大脑皮层，到第二十七周左右，会开始快速地成长。

怀孕到第七个月，脑部形状已跟大人并无两样。到这个时期，脑部表面会开始形成皱纹。头部的大小，亦脑部容量，也会迅速发育长大。在二十周左右。头部最大直径为5厘米，重量60克，由于这个时期胎儿体重约为650克.头部等于占了约10%的体重比率。母亲的肚子也在这个时期开

始明显突出。

怀孕第二十七周，是胎动趋于激烈的时期，往往会看到胎儿在肚子里时时转变方位的动作。这是因胎儿的手脚快要碰撞子宫壁引起的，可见大脑皮层的控制机能已有了充分准备，也证实胎儿已具备知觉。

怀孕第九个月，即到第三十二周时，胎儿的神经细胞的数目已接近成人，在4亿到5亿个之间。大脑皮层基本的皱纹形状也在这个时期形成，即使胎儿早产，出生的婴儿亦能维持其生存机能。不过，仍须注意婴儿还不能依自己的意志活动。由于大脑皮层的机能尚未完成，婴儿大部分动作都属于反射运动，并未经过大脑的指令，如耳朵的听力，或某种程度的记忆力等等，其功能都尚未完整形成。

因此，如果误解上述意思，以胎教名义硬向胎儿灌输知识，反而会带来不良的影响。还特别提醒孕妇，不要以物理的、精神的各种方式冲击胎儿。要保持心境平和，最好常听古典音乐，因为古典音乐会营造出柔和安静的气氛，促使身心放松，对胎儿右脑的发育成长有益。等到胎儿出生后，再施以适当的教育，才有事半功倍之效。

大约在20世纪70年代，捷克的一位女心理学家芭捷克经实验证实新生儿具有完整的知觉。她做了一项实验训练新生儿的反应，让新生儿听到铃声会向右，接着使用蜂鸣器，如能向左就奖给糖水喝。如此反复训练，最后新生儿已习惯听到铃声就向右，听到蜂鸣器就向左。

然而，更令人惊讶的是，在这项条件反应完成后，新生儿就不再有反应了。在对铃声或蜂鸣器未熟悉之前，新生儿会用心学习，但等到熟悉“这套游戏规则”，新生儿很快就会放弃。人和狗不同，狗对同一条件反射会一直有所反应。

这究竟是怎么一回事?是否表示新生儿也具有思考力?纵使不懂语言，新生儿仍然可借印象来思考，因此新生儿具有敏捷的思考力。

实际上，刚出生的婴儿听到任何声音，都会有明显的反应。拿东西在婴儿的眼前晃动，他会随着移动的东西一起转动。他们绝对不是如一般人认为的“耳朵听不到，眼睛看不到”的状态。但是你若叫他们的小名，婴儿

不会有任何反应。所以,对婴儿出声的同时,也要动动他们的手或身体,总之,要给他"复合刺激"才会有反应。

这是一件非常重要的事,倘若随便接受新生儿什么都不知道的说法,不对其说话或逗着他们玩,他们很可能变成自闭症儿童或延缓脑部的发育阻碍其发展。

刚出生的婴儿,其脑部重量只有400克左右。大脑功能尚未完全形成,此时婴儿的动作大都属于反射行为。例如,母亲把奶头靠近婴儿的嘴边时,婴儿会有吸吮的动作,这即属于一种反射。以手指头按住婴儿的手掌,会有紧握的动作出现,这便是紧握反射。出生后六个月期间,婴儿常会想要有所动作而摇动身体,这都由延髓的机能而产生,并非来自大脑皮层的功能。

婴儿出生后两个月到六个月期间,脑部会加速发育。这个期间的脑部,像树状突伸长,胶质细胞增加,或髓鞘化趋盛等,都在大脑里进行。刚出生时,四百克重的脑部,到出生第六个月时,会加重到八百克之多。未满1岁婴儿所有的运动,都是由脑干(特别是中脑、脑桥或延髓部分)的功能而产生的。

关于髓鞘化发展的过程,3岁时为。70%-80%,8岁时大约会到90%。如前所述,却也有人终其一生都不会完成髓鞘化。因此,脑部的功能大约在3岁时,已经完成70%~80%,可见3岁以前的育儿方法极为重要。

成长较快的婴儿,到六个月大时就会坐。一旦手脚及身体能够转动时,会更进一步加强婴儿的好奇心。凡涉及看、听、摸、尝等相关的知觉作用时,婴儿都会显示出极大的兴趣。

当小孩长到七个月至九个月大时,就会用手脚匍匐爬行。但在这个阶段,负责让身体回复姿势的中脑功能尚未完成,一旦滚动或躺下后,就不易翻起身子来。

第十个月到第十二个月期间,婴儿肚子不必碰触地板,仅用两边手脚就能匍匐前进。这时候,中脑已经具备了使倾斜的姿势重新回复的功能。不过,大脑皮质的机能还未充分完成。

在第十二个月到第十八个月期间，婴儿会扶着东西站起来，开始会用两只脚走路。由于中脑已经完全发挥功能，平衡感会日渐加强。据说，能用只脚走路的原因，主要是大脑皮质的机能开始发展所促成的。

如将上述脑部发育的速度，拿来与身体的成长相比，就能明了其快速生长的情形。因为身体的成长到6岁时才达到约40%而已，可见幼儿期人脑部生长的速度实在惊人。为什么要在较早时期依据正确的脑部知识进行育儿工作?这就是原因所在。

从正上方看大脑，有如两个拳头合在一起，分成左右两部分:居于身体右侧的是右脑，位于身体左侧的为左脑，由称为胼胝体的神经纤维束所连接。粗略观察，左脑与右脑，无论形态或大小均无差异，但机能却具有很大差别。具有语言中枢的左脑，负责对文字、数字加以理解，或依条理进行思考等，擅长逻辑、分析的能力。相对地，右脑在绘画、音乐等感觉领域具有特色，如以直觉判断事物等，擅长印象化能力。

换句话说，构思或创造都由右脑运作，再由左脑把它转换成语言，以达成类似翻译机之类功能的资讯交换，在左右脑间进行。如开刀切除任何一脑半叶的病人，更易显现左右脑的特征。切除右脑的病人，虽然语言能力基本上没有改变，但表达方式和电脑类似，偏向机械性，缺少比喻、抑扬顿挫、丰富的感情，并丧失洞察力、想象力、进取精神以及个性。也就是说，只剩左脑时，人将变成一种电脑机器人。因为左脑功能相当于将右脑创造的意象、思考，转换为语言等符号的工具。

现在我们需要更正过去有关幼儿头脑的知识、观念，提倡能急速发展幼儿脑力的观念和方法。我们都知道因脑出血等引起语言障碍，或说话清楚却半身不遂的人，都是因为脑部的半侧受损所导致的。因此脑异常时，人就会像昏迷的老人般，思考力或印象等脑的功能会完全衰退。可见如何掌握右脑、左脑——这把人类成长的钥匙是极其重要的。

人类的成长与左、右脑的关系

由此可知，左脑具备人类基本的必要能力，而右脑功能是为达到更佳

境界所不可或缺的辅助工具。

这里先简单介绍左右两脑机能的不同之处,若能把握两者之间的差别则有助于了解训练左右脑。

左脑最大特征——具有语言中枢。

说话,领会文字、数字,写文章。

把复杂的事物分析为单纯的要素,以“理”为依据循序思考。

右脑最大特征——在感觉的领域发挥能力。

鉴赏绘画,欣赏音乐,感觉事物,从瞬间的直观领会、从整体的观点把握事物。

这些活动,我们以“大脑生理学”的方式来说明。

(1)形状认识力。

仅记住事物的一部分,就能掌握事物整体的形象。

(2)音乐认识力。

能感应声音高低及分辨不同的音色。

(3)空间认识力。

立体式的构想,以感觉性认识空间。

(4)绘画认识力。

不单记忆图形,还把事物表现成一幅图画。

(5)印象力。

根据文字扩大印象的能力,与创造力相关。

(6)造型认识力。

视抽象的语言或事物为图形。

以上是左右两脑基本机能的差异。

简单地说,右脑为“印象脑”,左脑为“语言脑”,如此考虑就容易理解了。在解剖学上发现左脑和右脑的差异的,是一位名叫诺曼·凯舒温特的美国神经科学家。他仔细比较人死后的脑部,发现左右非对称性存在的事实,称为“侧头平面”的部位,左脑明显大,这个部位与语言有关联,并且在母体三个月大的胎儿脑部,就能看到左右非对称性存在的事实。

我们观看整个人体的动作，右脑即脑部的右半球，控制身体左侧的感觉和运动。相反的，左脑即脑部的左半球，控制身体右侧的感觉和运动。例如，进入右边视野的资讯是传给左脑，进入左边视野的资讯则是传给右脑。这些左右视野映入的资讯，就通过胼胝体联络左右脑。

然而，人类的语言机能存在于左脑。右脑具有印象、空间性资讯的处理等功能。左右脑具有不同的功能，然后互相进行思考与意识的综合性活动。如从构思或思考的层面看，可以构成右脑型思考为“类比型思考”，左脑型思考为“数位型思考”。所谓类比有如钟表的指针，连续而平稳的表现资讯；至于数位则如数字型电子表，把数或量等资讯，按照各个位数明确区分后，以不连续形态表现的方式。

就现代社会的状况来说，似乎偏向左脑型的数位思考居于主流。这是为了便于维持高度发达的管理型社会，以明确区分经文字及符号化的资讯作为互相传递之用，如此可避免发生错误。

现实中由于不需要规模庞大及综合性质的思考，一种属于短时的、片断的因应处理技术，就受到倚重。

教育上尽管一再受到舆论指责，然而片面的灌输知识的数字型教育方式依然居于主流。无论在尖端技术或其他部门(如由电脑所代表的计算或合理思考的系统)，都会获得优先采用。由此可见，现代人多半属于偏重左脑(数位型)的智商人。

然而，右脑却具有左脑所缺少的，或者电脑所缺的其他重要能力，如合能力强的人突出体现在创造力、自由的构思能力、策划能力、通过当前情况而预知将来的能力等。因而本书所介绍的“财商型孩子”会使整个社会充满活力。

事实上，人类脑部应该是左右脑均衡使用才能发挥最大效能。例如，意象或构想由右脑分担，再由左脑换成具体的语言，由胼胝体担任桥梁的作用，这就是角色的分担。培养综合能力强的天才最重要的是纠正偏向左脑的思考方式，而回复到原来均衡的状态。因此必须正确认识开发右脑的重要性，从新生儿阶段就要重视。

自从笛卡儿提出“为什么人体构造中心是一个整体，而脑却分成两部分?”的问题后，有关脑部研究便开始在世界各地展开并持续至今。

经过不断的实验，得到结论：右脑与左半身的神经系统相连，掌管其运动、知觉，左脑则与右半身的神经系统相连，掌管其运动、知觉，因此，右耳、右视野的主宰是左脑，左耳、左视野的视听归右脑管辖。

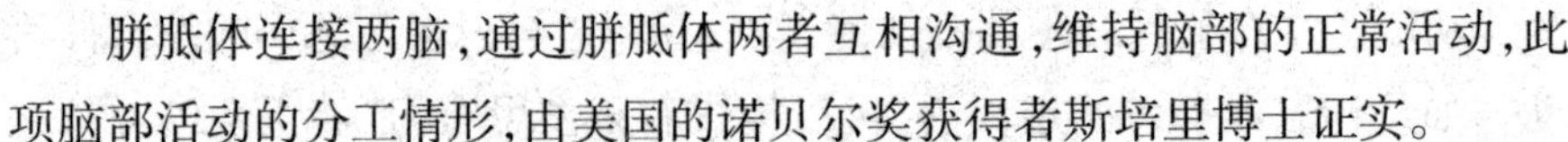

胼胝体连接两脑，通过胼胝体两者互相沟通，维持脑部的正常活动，此项脑部活动的分工情形，由美国的诺贝尔奖获得者斯培里博士证实。

斯培里博士做了一个实验，在分离脑患者的左视野上放置螺丝与螺帽，然后问：“这是什么?”患者回答：“不知道。”若问：“应如何使用?”患者会两手拿起螺丝与螺帽，将螺帽穿进螺丝中。

为什么会如此呢?因为胼胝体分离，左右脑不能沟通，故无法用语言表达，但辨别螺丝与螺帽及其用途，可从印象中得知。因为斯培里博士的这项实验，我们可以了解左右两脑的特性。

左右脑的机能并非在最初时即决定。人类在两岁左右时，语言中枢尚未形成，过了两岁才开始渐渐发达，所以在这之前完全为右脑的印象世界所主导。六岁以前，即左脑固定之前，语言中枢尚未成熟，事物的思考大概以右脑为中心。

可见幼儿期是一个关键期，若无任何刺激的话，实在很可惜，所以应尽早刺激幼儿的右脑活动。这并非危言耸听，请做父母的注意，若以不适当的方法刺激脑部则会产生反效果，下面的资料可以证明此项事实。

从婴儿出生到三岁左右的这段时期，只是不断地供给食物、水分等，而不教任何语言动作，试想小孩将会如何发展呢?或许你无法相信，事实上，那个小孩等于“死掉”了。

翻阅历史文献，从古代到中世纪有许多这样的纪录，在保姆人手不够、孩子数目过多的难民收容所中，确实发生过这种悲惨的事实。错误的刺激方法，与没有任何刺激一样，小孩天生的禀赋会因之渐渐破坏。

有些母亲从幼儿园时即开始教导小孩有关数字计算或复杂的词语等，而且内心颇为得意地想：“我的小孩真聪明!”这类母亲大概相信这种方法对

小孩有益，事实上若真的有心教导，虽然是幼儿园的孩童，也能记忆相当程度的东西。例如，我们经常在电视节目中，看到表现特殊、记忆力奇佳的小孩表演，这是绝对有可能发生的事。

一些小孩刚入小学时，或许确实比其他的小孩多具备一点有关语文或算术方面的知识，但过一两年之后，便会被其他的同伴追上，结果仅达到一般水准。就孩童本身而言，从一直居于领导地位降至与他人一样时，这种打击之大是大人无法想象的。

结果，原本所具有的天分，也因压力太大而不能发挥。最可怕的是，父母也忽略刺激这种小孩的右脑，渐渐敏感度降低，导致其成为青春期叛逆类型的小孩。

纵使是现代家庭，任何事也都呈现这种情形，均为一边倒的左脑教育。孩童的头脑至小学程度时，从原本的以右脑为中心而倾向以左脑为中心，如右脑同定，家长用任何方法也很难再加以改变。所以，至少在固定之前的幼儿园时期，关心刺激右脑的教育可以说是家长的责任。因此培养孩子在任何环境都能应对的思考力，才是最优先需要的事。

父母应该知道的事儿

用心去培养孩子，用心去理解孩子，为他们创造好的环境，帮他们创造奇迹，不遗漏、不忽略任何自己可以做到的事，不放弃任何努力，这样每一个父母都可以创造奇迹。为了孩子每一个父母都应该创造奇迹，这不是什么大不了的事，只不过是要用真心去做每一件小事，用爱心去做每一件事。最终的结果是，小事助他成功，小事创造奇迹。

给孩子不同寻常的财商启蒙

就今天而言，对天才孩子的培养还处在特殊教育的阶段，还不够普遍。因而，怎样看待天才，怎样对待天才，还需要我们注意，还需要我们进行讨论。以财商型孩子为例，他们之所以叫财商型的天才，是因为他们在行为表现以及心理感受上，和其他类型的孩子是有所区别的。如在身心的气度方面，财商型孩子因具有创造性的人格，必然有着不愿受约束的强烈感受，

这并非是因为他们非要与众不同、标新立异，而是天才的创造性本身使然。

要允许他们接受新观念，给他们思考的空间，让他们有进退的余地，让他们的心灵像一只飞翔的小鸟，思考能给他们插上翅膀。因此，我们不能拘泥于成规旧识，在思想观念上给他们过多的束缚，不能固执地囿于某种价值标准和基本常识，对他们的那些看似莫名其妙的想法加以抑制。首先要让他们像鸟一样地飞起来，让他们在更大的范围里感知自己，尽管他们并不了解自己也不了解现实，但要相信，他们的一切都是可以改变的，而且他们可以做得更好。

由于思想很活跃，他们有时把好事变成了坏事，同样，也能把坏事变成好事。不要相信那种"一失足成千古恨"的说法，要相信他们会吸取教训，即使他们表面上看起来似乎有点放任恣肆，但不表明他们没有善恶的观念，不知道道德及法律的约束。他们不像其他的孩子一样有很强的依赖性，而是有着较强的自主性，能独立行事，有时还表现为喜欢统治别人。只要能给他们基本的安全感，他们通常不会轻易附和别人、见风使舵，以求将自己容于某个团体之中。即使感到孤独和寂寞，也能控制住自己，从这一点来看，他们更是一种有远见的人，几乎所有的才能都能在他们的成长过程中逐步形成。

他们胆大，因而时常能表现出应有的轻松，即使在严肃尴尬的场面，他们也能应付自如，在各种时候体验快乐的感受。他们还年幼，还在成长之中，他们的心理还是非常稚嫩的。因此，不能因为他们冒犯权力或权威，而斥责威吓他们。

从成长过程中的表现来看，他们给人的感觉是优点少、缺点多，甚至有时他们的优点也使他们在犯错误时，显得错上加错。比如，他们具有顽强精神，这使得他们有时一错再错，仿佛非要一错到底，正是这样，他们才具有成年后的人格魅力和成就伟业的品质。所以批评他们、管教他们要适可而止，不要穷追猛打，彻底伤害他们的自尊。没有胆量的人，是很难有像财商型孩子这样有勇气的献身精神，因为他必须面对一项无法改变的事实，即无论由于人类的社会性，还是自然的属性，他们已形成了附和多数的观

念和习惯，借此期望容纳于社会和团体。但财商型孩子的智慧与众不同，若没有坚韧的性格，没有坚持独创、甘冒风险的勇气，就不会取得非凡的成功。这正是很多成大业者遭遇非凡的缘故。

好像每一个时代都有骄子。人们对天才儿童的认识也由神话转到现实，并由最初的对儿童身高、体重、胸围、肺活量等三十多个项目的测量，追踪到天才儿童一些能保持到成年时期的优势，如死亡率较低，基本健康状况较优，犯罪、人格紊乱、精神错乱、酗酒以及同性恋等现象的发生率正常或低于正常，一直延伸到婚姻适应水平、离婚率，并且和当时流行的天才家族的观点相融合。随着人们对天才血缘以及遗传的认识，天才智商的观念开始抬头，并以智商为基础，研究天才儿童的认知特点和心理特征。如:

多于同龄人水平的词汇量；

早期对书籍和阅读的兴趣浓厚。

较早(2~3岁)开始自主阅读。

独立阅读，对成人的书籍表现出经常性的爱好。

迷上读书，对客观资料也容易回忆。

能快速感知到因果关系。

强烈的好奇心。

喜欢与年龄较大的儿童在一起。

对兴趣爱好和收藏物的追求。

相对于同龄儿童有较长时间的注意力。

高水平的自我强化。

相对于同龄儿童来说有较成熟的幽默感。

对新异的和具有挑战性事物的偏好。

信息的记忆保持。

计划、解决问题、抽象思维水平都高于同龄儿童。

能迅速把原理原则一般化，并且具有寻求异同的能力。

拥有关于各种主题的大量信息。

对日常事务很容易出现厌倦情绪。

关心道德问题、思维问题以及诸如宗教和政治等成人的问题。

如果对这几条进行归纳，我们就会发现，它只说明了五项基本素质：一、认知兴趣浓厚，求知欲旺盛；二、思维敏捷，有独创性；三、感知敏锐，观察力强；四、注意力集中，记忆力优异；五、有进取心理，自信、有韧性。实际上，今天这个时代因科学技术的高度发达，社会生活的巨大改变，我们的天才也有了新的特点。没有谁能保证高智商、高素质就一定能取得成功。在21世纪真正能够成为天才的，正是那些以往被人们忽视的儿童，仿佛他们不是靠自己的优点取胜，而是因为“毛病”多而成功。譬如：过于轻信，过度追求尽善尽美，对权威天生的反感，忽略细节，不愿做小事，对不合理现象难以接受，对应尽的责任和义务表示反抗，厌烦正规系统的学习，拒绝参加他们不擅长的活动以及对别人的批评性态度，等等。尤其是财商型孩子，“财商型”除了意味着他们的成长时时刻刻面临着风险外，还在于“财商型”本身就是一种智慧，一种不为人们所熟悉的智慧，一种开拓新事物的创造力。他们的“财商”不仅表现出毛病多、问题严峻，也意味着他们的天赋都藏在这些“毛病”里，“财商”就是他们的智慧之源，使他们能在21世纪这个崭新的时代里挑战风险、成为不断加速社会变化的杰出人才。可以预言，在这个世纪里他们的涌现，将是历史的天才的集和，他们将占据最突出的地位，成为最能代表天才的一群人。

父母应该知道的事儿

财商型孩子热爱自己，富于独立性，敢想敢干，可能会给教育者带来很大的困难，甚至感到无以应对。但是不要击碎他们起飞的梦想，不要试图彻底改造他们，在培养教育他们的过程中，要充分考虑到他们的种种表现都是基于天才的本质。在给予他们适当的理解时，再给予他们适当的指导，那么他们将来必定能成大器，使他们的才能为时代创造奇迹。

有效的监督会让你的教育事半功倍

总是有人不断地问“怎样才能成为成功的父母?”其实分析父母的行为和分析儿童的行为并没有什么差异。在过去的岁月中，父母总是要求孩子

们接受他们所希望的并且按照他们的意思去做事。大多数的父母至少都有一个理念，那就是希望自己成为成功的父母。但是，如果他们不能以身作则，对自己的行为做有效的控制，他们必然会失败。对于孩子行为的原则也同样适用于父母们，其中仅有的差异就是父母们知道自己在适当的地点做适当的事情是他们的责任，而这对孩子们而言则无从了解。想想看，我们如果把自己的问题转移给别人那会多轻松。"我是不是一定得盯住我的孩子呢？'即使你整天都待在家里，你也未必会坚持你的原则"，"如果我不必工作，我可能会有更多的时间与我的孩子在一起"。当今社会中有许多父母都会将责任归咎于酒、迷幻药、学校或孩子的其他朋友之上。事实上真正关心子女的父母是坚韧不拔而且深具爱心的，经过数次的尝试和错误，父母们会激发自己的孩子发挥他们的潜力，借助对行为原则的了解，父母们会想出较佳的办法来督导子女的行为以及控制子女性格的发展。

曾经有一位母亲，当她见到小孩做出不当的行为时，就会将孩子关在小房间里好几个小时；而另外一位父亲，每当孩子睡觉时不闭上眼睛，他就用超人会来抓他的谎言来吓唬孩子；有位专家总是让最不听话的孩子们参加一次假的婚礼，当孩子行为表现良好时，他们就会被准许结婚，这些训诫的方法只要能贯彻到底都是非常有效的。专家们同时也提出许多与其他事情有关的严重问题。有一个人将这种方法用于8～9岁的男孩身上之后说："当某个男孩做出不当的行为之后，我就将一条女孩的丝带绑在他的头上。"这有用吗?这是有用的。但是我们不得不提醒你这种做法多多少少会对孩子造成伤害。

有一位母亲在学会了用积极的具有正面功能的方法之后，使她5岁的女儿能准时用餐完毕。而她的先生一向对她所用的方法不屑一顾，结果他自己采用了另一套方法：如果孩子在规定时间内吃完饭，那么孩子就可用皮带打爸爸两下。结果这位父亲很骄傲地说，他的孩子每次都按时吃完饭，而且如今成了"玩皮带的高手"。

由此可见，父母们可以使用的"行为药方"多得很，但是心思不够细腻的父母仍然觉得不够。事实上，只有实行有效的监督才能帮助孩子迅速成

长。

父母应该知道的事儿

父母如果能具有分辨出每个子女间的差异以及周围环境对子女会有何种影响的能力，这将是一项了不起的成就，而父母本身具有的优良品质也是很重要的。

二、从小处着手　从细节着眼

智力优先发展的孩子是天生的赢家，赢在每一天，通过日积月累，最后到达成功之顶峰。因此，勤奋、上进是他们成功必须具备的品质。要慢慢地巩固他们“赢”的心理，帮助他们克服障碍，培养他们的韧性，树立他们的信心，使他们早日自立、立于不败之地。

因材施教的财商培养方案

智力优先发展型的儿童成长的特点是从寻常到不寻常，是一个逐渐上升的过程。他们是天生的赢家，赢在每一天，通过日积月累，最后到达成功的顶峰。因此，勤奋、上进是他们获得成功必须具备的品质。在漫长的成长过程中，要慢慢地巩固他们“赢”的心理，帮助他们克服障碍，培养他们的韧性，树立他们的信心，使他们早日自立。他们是介于“管”与“不管”之间的孩子，既不能放纵，也不能溺爱。这是他们与“智商型孩子”、“情商型孩子”之间最大的区别，所以称他们是“财商型孩子”。他们稳步的成长过程，可以促使他们始终保持智商的优势，使他们显得出类拔萃、自信过人，在各个领域有所作为，所以说他们是专业天才，是未来社会的栋梁，是最稳定的社会支柱。正因为如此，在他们的成长过程中，有着许多与其他类型孩子不同的培养方法，也是我们目前最容易理解的教育方法，人们曾经倡导的“快乐教育法”、“卡乐威特教育法”都是适合这类孩子的教育方法。尽管培养训练和监督考察的程序还不完整，但主要思想都适合这类孩子。问题只是现有的各种教育方法都忽略了不同类型的儿童，在整个成长过程中应有

着完全不同的培养教育大方案，因材施教不仅要体现在教什么上，还应该体现在怎样去教，怎样才能保证成才，怎样去挖掘他们的潜力，在什么时候哪个方面获得成功，而对这个“人才工程”应该从哪几个方面去“实施”，如何保证“质量”。

与传统模糊的教育方法不同，现代的教育方法应该是在生理、心理综合品质等方面都具体量化的教育方法。只有如此，我们才能说这一整套的培养训练天才儿童的教育手册，可以保证施教的对象必然获得成功，而不是那种可以成功的教育方法。智力优先发展型的儿童，成才的时间段为24～38岁，晚于情商型的儿童14～22岁，早于财商型的儿童38～52岁。当然还会有个别的提早或推迟的现象，但主要的时间段即在于此。而且从这“三趟成才的班车”我们可以看出，没有赶上“早班车”的儿童，在时间上还有机会赶“中班车”，未赶上“中班车”的还有希望赶“晚班车”。尽管“改车次”是一件非常困难的事，但也不是完全没有可能。因为儿童在发育、发展的过程中，智力、才情、才能的发展都有相对的优势，而且会交替变化。才情优先发展型的儿童，在一段时间以后，可能出现智力的超速发展进而显示出智力的明显优势，智力优先发展型的少年，在进入成年时期后，也有可能转变成才能高度发达的财商型。很显然，这种优势的转变，很有可能促使他们“改乘车次”。正因为如此，原打算乘坐“晚班车”的也有可能乘上了“早班车”或“中班车”，因为财商型的儿童并不是缺少智力与才情，无论是机遇的到来或环境的骤然改变，都有可能促使他们改乘车次，做出新的抉择。

许多父母因为未能有效地运用行为控制的技巧和一贯的管教态度，乃至失去了子女对他们的敬爱。虽然有些父母认为，管教就是用很严格的态度或规矩来要求子女，但事实上全然不是这么回事。有效的管教是以因果之间的关系为基础的。因此，像以爱取代体罚，自由代替专制，公开代替压抑等论调，根本上是荒诞的。不可否认，我们只管教我们所爱的人，而社会上的自由是局限于某一个范围之内，因此自我表达就像其他的事情一样都是需要学习的。我们管教子女的目的是要使孩子能发挥所长并且使他能

得到真正的快乐。为人父母者是有责任认清这一事实的，并且也应该为他们在建立良好人格和行为上树立良好的榜样。所以我们不能将这个神圣的责任推于孩子的身上，而认为该由孩子为自己的行为负责。当我们在教导孩子如何思考(即建立价值观、评断事物)时，我们应该注意到孩子的心态是否朝着正当的途径发展，决不可用让孩子建立理性思考的借口来推卸自己的责任。

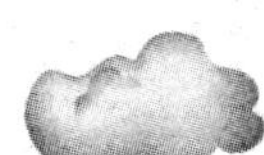

每一位父母都应该一开始就深切地认识到，自己有协助孩子建立正确人格以及未来独立个性的神圣使命。教导孩子们读书、写字以及端正品行，这都充分表现出社会与父母的价值观。有的父母说："那并非我的本意。"这种父母在思想上应该做适度地调整以适应社会各种不同的看法。每一个父母都应该清楚地知道哪些是孩子的决定，哪些则是属于父母自己的。如果为人父母者能认清这一项责任，并且勇于承担不推卸责任，那么孩子们就会在基本的学习过程中发展出他们的价值观。总之，父母或孩子都应该认清，秉持自己本身的价值取向来做事是需要极大勇气的。

惩罚—— 一种学习的方法

在社会上或是与工作有关之惩罚的第一个要点是要看孩子处于哪里，也就是说确定孩子目前所做的行为，以了解该行为是何时开始的。有关学校的工作，在孩子面前而言是很容易处理的问题。在衡量不当的社会行为时，偏执不会是主要的考虑项目，而研究孩子为何会有某种行为的背景是毫无意义和毫无必要的。学理上的研究往往要花上好几天，而社会性的评析只需要几分钟。父母往往因为孩子过去的一些行为、经验、适应过程或成绩而自以为找出了不适当行为的原因。管教子女是父母责无旁贷的义务，如果孩子由于误导而产生不良的品行，那么父母本身建立思想体系时应该小心自己的观念在修正时会影响到子女。换句话说，也就是父母在拟定自己的思想体系时千万不要先影响子女。只有正确的学习态度才能形成期望吸收新知识的渴求(动机)，而做法上是由外向内的。父母了解了学习本身就是工作，那父母一定会增加事先的奖励以鼓励孩子在艰难中拼搏，这种做法是一种强化达到长期性目标的部分行为——即使孩子成熟。

学习——行为修正法

学习的过程是需要经验、分辨是非和举一反三的。行为修正法是借着学习的经验使孩子能分辨是非和做出正确的选择。但是,如果父母希望能学到一些正当的行为,那这些行为本身必须是有形而且能表达出来的动作。我们目前已经可以清楚地相信只要孩子了解父母的意图,而孩子们也愿意,那么他们一定能做到。由于不良的行为或正当的行为都是由学习中养成的,为孩子准备一些渴求的东西,是让他们达到理想目标不可缺少的步骤。而孩子在努力的方向上或多或少都会与父母的价值观相似,所以父母的价值取向往往就是孩子们下决定的结果。

如果父母的行为对孩子产生了误导,那么父母当然有义务把孩子们导入正途,并且避免孩子在学习的过程中产生多重标准而造成干扰。父母为子女所界定的目标应该让孩子清清楚楚地了解,而这个目标必须是符合实际、有形而且能够评析的。不论是正当还是不良的行为都应该明确地分类并界定出责任的归属。

行为——人生中一些偶发事件的结果

行为是人们在时间的流程中一些造成强化作用的偶发事件所形成的。诚然,行为的产生正是其他事件的结果。因此,如果能提供有效的教学和多姿多彩的生活,父母们应该为孩子创造出使孩子能有良好发展的环境,这完全要看父母决定对孩子施加多少限制。强化行为的学习过程是需要同意以及否定的态度的,随着时间流逝使孩子朝着一个特定的目标发展。凭着孩子的行为回馈来革除他们的不良行为,而另建立一套行为回馈使孩子步入正途。为了要熟悉行为分析,父母一定要随时注意观察孩子,以了解孩子发生某一行为的前因后果,并且找出其行为的根源。但此时父母应该在为孩子设法修正行为时考虑到“公平”的问题。父母最好分辨许多个别或相关的问题以确定该怎么做,即怎么做才公平。父母可用的方式有许多,包括同意与不同意的态度,而做法上可用言辞、表达、行为、事物。只要孩子能有效地做到父母所希望修正的行为,就应该让孩子深切体会到上述的回应。所谓“空想千回成虚渺”,如果只是用头脑想想这些回应的做法是

没有任何助益的，切身实践才是最实际的做法。

生活——时间中的行为结构

任何一件事情都是在时间的流程中发生的。的确，生命就是时间。一般人都认为时间是那么重要，因此对时间应加以足够的重视。虽然管教的一贯性是很重要的一个态度，但它也是最难做到的一点。为了要使管教能有效果，父母应为孩子安排一切。外在环境的运用可参考以下原则：

(1)事件先定义出所要修正或革除的行为，或是要学习的新行为(为孩子安排不贴切的行为环境)。有关工作方面的事件可以用能够衡量的特定目标来完成；而关于不良的社会回应就必须要先肯定这些行为是明显的而且是在事先界定的范围内。在观察的过程中不仅要找出孩子行为的诱因，而且要找出线索以安排下一个良好行为的诱因。

(2)记录用数量来计量行为。记录的正确性是绝对必要的，否则父母永远也无法肯定旧行为与所要培养的新行为之间的差距。记录一定要精确，而且一定要在一段现实的时间流程中完成。

(3)结果借助正面或负面性行为强化的做法掌握孩子的外在环境，使孩子能经由父母或长辈的帮助导入正途。

(4)评估衡量行为出现的次数以判断行为本身是否有所增减。如果一开始你失败了，那么你应该马上尝试另一种做法。每当父母安排长期性的做法时，对于其效果就不能太苛求了。要想做一个好的父母，对于孩子的要求就该具有好的品位。

回应——爱的艺术

只要行为的效果逐渐增加，就足以证明父母真的了解了行为导正的做法。虽然人在任何一个年龄层都会忧虑、生气或是有其他的回应(反应)，但是人们应该随时提醒自己，在做出毫无意义的情绪反应之后，应该立即确认并且运用行为技巧。人类要使自己做出有意义的回应，是要自己停止忧虑并开始付诸实践。我们从小就该训练孩子能有立即处理事情、应付突发状况的能力，而不是徒然在那里沮丧忧愁。父母可以做出许多认可的回

应,使孩子能规范于正途之内。但是仅仅阅读、讨论或构思这些具有正面效果的回应,并不能使父母的做法得到最大的效果,这些具有正面意义的回应,应该在日常生活中实践。相信父母读到负面作用的回应之后,会在对孩子做出回应时,尤其是做出负面性的回应时加倍小心。曾经有句谚语是这么说的:孩子是在生活中学习的。再进一步而言,父母应该更积极地为孩子安排一些他们从未经历过的事情。由此可见,父母教导孩子绝不局限于家中。更重要的是父母应该为孩子准备未来能够完全独立的能力。

父母应该知道的事儿

对于服从性高、天资禀赋佳的孩子更应该用有效行为强化的做法,他们所获得的报偿将会与他们日后人生中的思维、行为以及学习有绝对的关系。只要按照本书中的原则去做,相信训练出来的人必定是一个有独立人格、能发挥个人所长、对社会有责任感的人,最重要的是他一定是个快乐的人。而且能够分析、评判、选择不同事物并且有一套自己的价值观,随着知识的累积还可以将这套价值观付诸于他的生命之中。

更多空间,更少约束

“千里马常有,真伯乐难寻”。用这句话说明发现天才少年的过程很是恰当。每一个孩子都是天才,但是如果我们没有看到这一点,没有发现他的特质,那么这个天才就可能被扼杀。所以如何发现他们天生的才能,就成了能否将他们培养成才的关键。每一位天才都需要有人发现,即使是罗曼·罗兰的文学作品中渲染的音乐天才,也都少不了一个被发现的过程。对孩子来说被别人发现,就是他们成才的机遇。我们要努力发现每一个孩子的天赋,把机遇带给他们。

发现天才的过程是一个奉献爱的过程。从我们对天才少年分类的观点来看,财商优先发展型的孩子因成才的过程最漫长、成因最复杂,因此发现最困难。他们的才能往往以“最淘气”的方式表现出来。人们对他们的认识,首先是感觉他们很难带,惹的麻烦多。他们的“能量”越大,就越让人感到越头痛,这种头痛时常让人们无视他们的天赋,甚至“敌视”他们的天

赋，使他们过早地萌生“叛逆的意识”。因此他们的成长过程风险也最大，他们因年幼很难自觉地“规避”成长的风险，在成长的“岔路上”越走越远。因此，人们对他们认识得越早，认识得越深刻，越对他们的成长有益。人们的责任不是去改造他们，不是去扼制他们蓬勃的生机，不是去抑制他们近似疯狂的意识，而是去帮助他们化解成长的风险，锻炼他们“行动”的能力，培养他们坚强的意志，塑造他们伟大的品质。

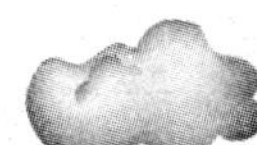

他们身上与生俱来的那些东西，总是越出了我们的想象，尤其是我们这里所说的财商优先发展型的孩子，他们最聪明，他们的才能总是表现出综合能力很强，胆子大，有很强的行动的欲望。说他们是天才，就是因为他们有许多与生俱来的“占有欲”、“统领欲”以及“蛮横”与“霸道”，他们不需要太多的管束，他们的内心有一个天生的“核”，不断地释放出各种能量，并且会在现实活动中不断地加速放大，因此他们前程无量。如果我们的管束、打压，击碎了这个尚还稚嫩的“核”，这无疑是毁掉了他们或迫使他们畸形地发展。可以说他们是需要在“放任自流”的环境下成长的，他们表现出的“占有欲”是未来雄伟蓝图的“原生态”，他们的“统领欲”是将来创立事业的“原动力”，他们的“大胆”是他们永不枯竭的智慧源泉。一切创新的智慧、探索的智慧都根植于“大胆”之中，要意识到“胆量”本身就是一种“高级智慧”，这个智慧可以使他们更容易获得知识、更聪明、更能应对生活的挑战。

事实上，对这种不必太多管束的孩子，“放纵”他们是最明智的做法，让他们去“大胆”地表现。只要人们真正地关心他们，培养他们有良好的品质，告诉他们如何对自己的行为负责，他们一定是最有出息的人。同时他们也不断地表现一些过人的智慧，这些在综合能力比较强的财商优先发展型的孩子身上体现得最明显。我们之所以称他们是“财商型孩子”，就是因为他们极富有智慧、好奇心和大胆，总是想探索（表现为想知道）自己不知道的事。他们需要面临各种风险，面对太多的“无知”。所以，孩子如果本身太脆弱是不行的，只有在各种风险里成长起来的孩子，才是最善于驾驭风险的人，他们的过去像他们的未来一样，无论从哪个角度看，他们都是真

正的天才。

父母应该知道的事儿

对于综合能力比较强、财商优先发展型的孩子，我们的忠告是不要把他们管“死”了。他们太小，经不起猛烈的打压，“放任”他们才是明智的，我们没有能力把他们塑造成天才，而他们具有与生俱来的可以成功的才能。只要我们真正地去关心他们而不是限制他们，用心地关注他们，而不是去打压他们，他们就会释放无限的潜能，他们的成功一定会超乎我们的想象。

发现是天才诞生的机遇

财商型孩子都是被“发现”的，没有一个天才是自己“显现”的，如果没有“发现”就没有天才。而这个世界上最先发现天才的，总是那些最富有爱心的母亲，以后他们将被老师发现、导师发现，或经理人发现，最后为大众所认识。

父母是儿童成才的第一站。所以作为父母，应该尽到自己的责任，早一天发现自己养育的天才。如果没有发现的话，可以说是做父母的没有尽到自己的责任。要知道每一个孩子都是天才，如果父母面对孩子看不到天才在哪里，那就是不称职的父母。发现天才需要偏爱，这不存在理性的道理，这就是大多数的天才，尤其是年幼时显得愚笨的天才，为什么都是母亲发现的。因为母爱是非理性的，无“公”亦无“私”。她们不仅把显得愚笨的孩子，塑造成了天才，也把智障儿童培养成了有用的人。这都是因为有爱，所以，伟大的爱是可以发现天才的。

学校是儿童成长的第二站。真正具有责任感、使命感的教师也能发现天才，他们可以通过对不同孩子的比较，发现每个孩子与众不同的特质，帮助他们获得成功，这是教师的责任。责任感和使命感，让他们去挖掘每一个孩子的潜能。

而最后一站是领导和道行颇深的泰斗们，他们凭着对行业发展、专业领域的深刻的洞察力，从而发现新人的才能，预见新人的成就。对专业领域的深刻洞察是他们发现天才的基础，如果看不到天才，那么恐怕不是没

有天才，而是我们自己有问题。如果我们仔细研究一下诺贝尔奖获得者的成才过程，就会明白天才与发现者之间的这种关系。每一个发现都是天才诞生的机遇。我们不乏天才，缺少的是发现天才，缺少的是给天才机遇。过去成功的人之所以少，就是因为发现不够，机遇太少，而我们的未来与我们的过去最大的不同之处就在于，人们已经知道如何去发现天才，如何提供给他们更多的机遇。在我们能发现的同时，同样具备了给予更多机遇的可能，发现就是我们每一个人应该做的事，而不是将培养孩子理解为管教孩子、训导孩子。对各种不同类型孩子的认识，要求我们用不同的眼光、不同的方法去理解他们、培养他们。

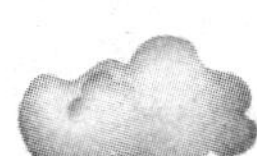

父母应该知道的事儿

要知道为什么有些孩子需要放任自流，有些孩子需要督促引导，而有些孩子需要溺爱。培养孩子有许多不同的模式，每一个孩子都有适合的培养他们成长的模式，没有一种方法是万能的。培养孩子不仅需要因材施教，还要因人施教，未来社会要求我们的每一个孩子都必须成才，而不仅仅是一部分人，这才是生活的意义、教育的意义。

做好每一件小事是帮助孩子成功的关键

从儿童热衷的游戏和他们专注的活动，我们可以看到他们的才能和兴趣所在。别让孩子做他们不愿做的事情，不要把我们的想法强加给他们，用心去关注他们、观察他们才是我们最应该做的事情。强迫孩子依成人的想法去做，就像是把一条小溪引进了沙漠，很快就会被黄沙淹没。兴趣是他们的“活水源头”，如果没有了这个“活水源头”，我们有再大的能量，也不能保证他们的成长不“断流”。相信他们都是极富灵性的生命，尽管他们成长的道路充满荆棘与坎坷，但他们凭着灵性的指引，还是会走过荆棘，走过坎坷，走出自己光明的未来。

我们的愿望无助于他们的成功，他们的愿望才是通向他们成功的道路，无论他们是去罗马，还是去巴黎，我们只要不断地给他们“打气”，为他们“加油”，保证“供给”，他们的愿望就一定能够实现。

天才并非是一生下来就成功，而是一件件小事帮助他们获得成功，让他们通过做一件件的小事去获得成功，去熟悉成功，最终使他们获得成功的感觉，更具有挑战意识，得到更全面的锻炼，那么，成功就是必然的结果。人们为他们能做的也是一件件小事，照顾他们的日常生活，检查他们的健康状况，纠正他们的错误，向他们传颂美好的事物、传统的道德意识、先进的价值观、有爱心的故事。如果强迫他们接受道理，往往会适得其反、事与愿违。

即使我们今天没有让孩子获得正确的观点，理解有益的做法，明白我们的思想，即使孩子今天完全做错了，没有明白一些道理，但不久他们就会明白、会知道应该怎么做。

所以粗暴地干涉孩子，强迫孩子接受我们的观点，无疑会给孩子很多压力，改正了他们的想法，为他们成功设置了许多障碍。因此，助孩子成功，就是父母要做对每一件小事。以下是帮助孩子养成良好习惯的建议，可供参考。

帮孩子养成好的习惯

帮孩子养成好的习惯，父母应该这样做：

(1)弹性处理例行事务。

晨间抓狂可以免。

不要黏人。

全家共餐真美好。

安排洗澡时间享受亲子欢乐。

快快乐乐上床睡觉。

保证甜蜜的讲故事时间。

(2)动动脑，轻松做家事。

建立简易可行的家规。

一次只做一件事。

不要独自包办所有的工作。

接受各种帮助。

(3)清除家里的废物.

玩具到幼儿园玩。

全家大扫除。

清理“仓库”收藏美好的过去。

为孩子创造简单舒适的生活空间。

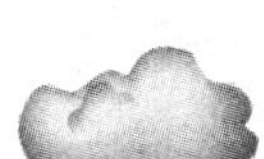

让孩子的穿着简朴。

不要给孩子一大堆“废物”。

(4)顺应科技时代的准备工作。

“监视”电视。

教孩子学会如何正确使用电话。

学会用电脑。

(5)培养良好的亲子关系 。

让亲子关系更亲密。

相信生活应多点趣味。

做个有耐心的家长,陪孩子一起成长;

要求孩子一定要诚实。

亲子间应有顺畅的沟通渠道。

(6)教子有偏方。

教导幼童的方法。

善用“禁止”。

父母的言行要前后一致。

让孩子学会自己负责。

谨慎处理“亲子战争”。

褒贬用语应明确。

尊重孩子,知道如何和孩子打交道。

教孩子良好的礼仪。

谨记:我们是孩子的父母。

父母也可能犯错。

(7)避免发生“家庭战争”。

不可纵容孩子。

留意自己的言行。

引用权威人士的说法,正面回应孩子的请求。

消除孩子的火气。

化解孩子的抗拒心理。

减少与孩子间的争执 多开导孩子。

(8)运用智慧解决难题。

妥善处理离婚后的种种问题。

以爱包容混合式的家庭成员。

慎选托婴中心及保姆。

考虑做个全职的家庭主夫或主妇。

(9)简单又隆重的庆祝活动。

假日生活可以更欢愉。

庆祝生日活动宜从简。

送孩子有意义的礼物。

(10)了解孩子在校的情形。

参与孩子的学校活动。

协助孩子完成家庭作业。

激发孩子的创造力。

不要让孩子成为失败的学生。

父母是家庭的支柱。

(11)全家一起来。

准备一本全家记事簿。

不要让孩子参加太多活动。

运动有益身心。

接送孩子有绝招。

鼓励孩子当义工。

静思让孩子受益。

留意孩子的言行。

带孩子外出购物。

带孩子外出用餐。

教孩子打包自己的行李。

(12)随时注意孩子的健康状况。

慎选小儿科医师。

教给孩子正确的保健之道。

重视个人安全。

适时送医就诊。

审慎考虑另类疗法。

三、财商型孩子的成长

世界上最聪明的父母就是那些了解孩子、知道如何培养孩子的父母。要知道每一个孩子的身心的发展是不平衡的，并且有“强”与“弱”的区别。父母的责任就是即使自己的孩子哪怕在很多方面，或总的方面处于“劣”势，也能像卓有见识的指挥官那样，使自己的“队伍”在磨炼过程中，由小变大由弱变强，成为最后的胜利者。

培养孩子的自信心是聪明父母所为

世界上最聪明的父母就是那些了解孩子、知道如何培养孩子的父母。要知道每一个孩子的身心发展都是不平衡的，并且有“强”与“弱”的区别。父母的责任就是即使自己的孩子在很多方面处于“劣”势，也能像卓有见识的指挥官那样，使自己的“队伍”(喻孩子)在磨炼过程中由小变大、由弱变强，成为最后的胜利者。就像一个明智的指挥官不会让自己的士兵处在不利的条件下去和敌人搏杀一样。聪明的父母应该知道不让自己的孩子在处于弱势的时候去和别人竞争。经常性的失败会挫伤孩子的积极性，不利于培养他们的自信心。对孩子的教育除了培养他们良好的科学文化等基本知识外，最关键的就是培养他们的自信心，自信心比科学文化等基本知识更重要。不论现在还是将来，可以说没有一所学校、没有什么教育可以保证儿童成才。受过再高等的教育也不见得一定会成功，如果没有自信心，这个基础打得再牢固也不会起多大的作用。学生从书上学到的东西，远不如从在学校这个学习的环境中以及从对他人学习的了解中学到的东

西多,从学校学到的东西远不如从生活中学到的东西重要。要想儿童取得成功,就要让他们在成功中去学习成功。让他们从各种小小的成功中去学习成功、体会成功、感受成功。

父母的责任是不要让他们没有成为真正的“战士”时,让他们去“战斗”。不要在他们还不是强者时就让他们去和别人竞争。不要迫不及待望子成龙。让孩子学什么都可以,可以学音乐、绘画、舞蹈等。但不要向他们提任何要求,更不能强迫他们去学。只能对他们说,这可以提高一个人的素质。当然,提高素质的方法很多,要给他们自己选择的机会。没有谁能在自己不感兴趣的领域取得成就。因为任何一种成功,都要经历一个艰难而漫长的过程。只有有兴趣和爱好才可以忍受艰难和漫长的磨砺,这绝不是压力和意志可以办到的事。人的肉体和精神可以承受的磨砺和压力是非常有限的,没有谁是真正的“超人”,而兴趣和爱好却是一个魔术师,它能使艰难和磨砺具有特别的“味道”,仿佛那是一种魔力,不畏疲劳并可以产生精神上的愉悦,这就是兴趣和爱好存在的真实意义。

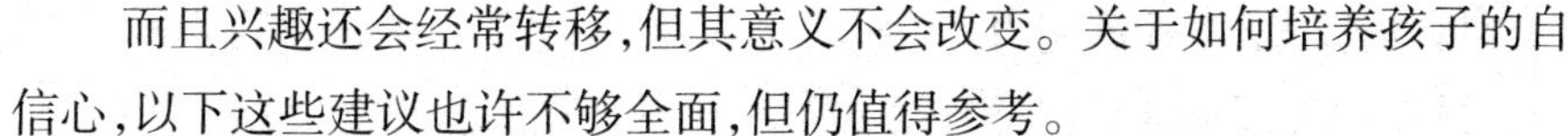

而且兴趣还会经常转移,但其意义不会改变。关于如何培养孩子的自信心,以下这些建议也许不够全面,但仍值得参考。

(1)让孩子自然成长。

忽视“要求帮忙”的话。

要孩子坚持己见。

注意孩子的神经疲劳。

不直接回家是危险讯号。

要用“声东击西”的方式追问谎话。

吮手指具有安定精神的作用。

热衷是力量的源泉。

对孩子的认生应置之不理。

玉不琢不成器。

不说也不听恶言。

不要当孩子的翻译者。

(2)不要埋没孩子的才能。

对孩子成长持喜悦的态度。

幼儿教育宛如播种。

成见会扼杀智能。

幽默有助于孩子的发展。

赞美孩子脑筋灵活。

让容易跌倒的孩子赤脚。

重视孩子的才能。

不要按部就班地学习。

潜意识比学习内容更重要。

激发孩子的兴趣比教导更重要。

能读,并不表示已具有实力。

幼儿必须口诵以认字。

口语能力决定于幼儿期。

借“速算”培养计算能力。

过度关心不一定对孩子有益。

“课题”应该仅有一个。

学习不一定要用书桌。

(3)避免亲子关系受影响。

口头禅足以塑造孩子的形象。

父母的想法会影响孩子。

交谈中断变成命令。

办不到的事不妨顺其自然。

情爱不足是“落差”问题。

夫妻须团结一致。

“文鸟”不会养育“小文鸟”。

家庭是幼儿教育的原点。

孩子会学习父母的价值观。

家人要聚在一起。

孩子为配角。

一开始就和祖父母同住。

以宠物进行情操教育。

夫妻一起外出旅游。

(4)正确判断孩子成长的情形。

聪明的孩子比较有趣。

不赖床的孩子令父母放心。

性情温和的孩子令父母担心。

会欺负其他孩子的孩子是脆弱的

溺爱儿易改变。

父母不安定的情绪有百害。

脱轨行为是过度干涉所造成。

顶嘴是成长的第一步。

要呵护性情脆弱的孩子。

父母的内疚会形成过度保护。

无气力是一种恶性循环。

顺从是美德。

爱看电视的孩子是被动的。

是否有肥胖倾向要看手背。

抽搐不是习惯。

幼儿的性格是化学反应。

让孩子生气可了解其本性。

父母的孤立为偏见之因。

(5)解决父母特有的烦恼。

偶尔的不上课。

只给一个玩具。

治疗睡眠不足需花半年。

冰箱饱满,肚子也会饱胀。

对欺负其他孩子的情形要忍耐。

年纪较大的儿童是老师。

不可说“肯做就一定做得到”。

“普通”最好。

严格的父母对自己却不严。

在自我中寻求自我。

对于缺点要改正。

威胁是理性的敌人。

父母应承认自己的弱点。

不要责备孩子的朋友。

要做孩子的避风港。

父母应该知道的事儿

聪明的父母应该是有耐心、会观察、善于发现孩子的兴趣,并能用兴趣和爱好来引导孩子成长的人。没有什么爱好是有害的,把孩子弄得什么兴趣都没有也是很可悲的。

最聪明的是财商型孩子

财商型孩子是最聪明的孩子,虽然这种类型的孩子最早萌生独立意识,最擅长独立思考,在他们身上表现出来的各种现象,深刻地揭示了人的本能和人类的智慧,但是在他们的身上矛盾也最突出,最容易看到人与人之间的冲突,人性的黑暗,以至对前途没有信心。他们成长的风险也最大,所以说他们是“财商型”孩子。同时,财商型也表明他们极富有智慧,他们最先具有“财商心理”,并且敢于向困难挑战。所以,在他们的成长过程中常有惊心动魄的表现,最能表现生命之美。他们也是最先醒悟、最先洞察人生的人。他们的所作所为,仿佛是向生命挑战,向生活的极限挑战,向社会、向传统的伦理道德挑战,所以让他们理解“忏悔”对人生的意义尤为重要。因为他们独立性最强,所以说教对他们的意义不大。只有通过生活来

教育他们，才会让他们明白成长的意义、人生的道理。对他们所犯下的错误要有极大的宽容心。如何判断一个孩子是“财商型”孩子，以下这个量表可能会对爸爸妈妈们有所帮助。

“财商型”孩子的判断

3～8岁对有血缘关系的异性持排斥心理。

5～13岁时有明显的恋父或恋母情结。

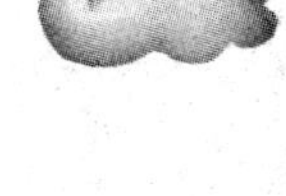

7岁开始喜欢野生动物。

宠物中喜欢狗（凶狠）不喜欢猫。

较同龄儿童胆大，常犯别人没犯过的错误。

从小具有首领倾向（如孩子王）。

霸道又富有同情心。

倔犟，喜好交往。

好奇心强。

有耐力（男孩喜欢远足）。

真心待人。

报复心强（成年后会改正）。

挑食、偏食。

有吸引力。

敢于反抗权威。

热爱大自然。

财商型孩子的焦点问题

1.个性

个性不会因迎合多数人而改变。

人的特权是以双腿行走。

谎言要贯穿一生。

善良和强者是并存的。

行使未成年的“特权”。

女性化妆会变丑。

偷窃如同麻疹。

称呼口吃的孩子为“口吃”。

烦恼是培养个性的能量。

善变是精神力旺盛的表现。

2. 人生

对别人的不幸有好奇心。

勿让他们害怕被关起来。

公开世间最卑劣的事物。

暴力是最后的生存手段。

让孩子读读课本。

教导孩子善恶。

英雄由塑造而来。

让孩子单独去旅行吧!

结婚不是女人的义务。

切莫强迫信仰。

人生即拼搏。

3. 朋友

勿为友情出卖个性。

愈是不良少年,愈有交往价值。

争吵是重要的人生经验。

秘密要保守一辈子。

嫉妒是高贵者的特权。

友情最宝贵也最靠不住。

4. 学校

教师是最差的教育工具。

智能是凶器。

所有的课本都只是片面的。

对头痛的科目,应研究其头痛的理由。

让劣等生自己有劣等生的感觉。

奉献使人生有意义。

学校是不完善的教育设施。

5.家庭

父母早晚会死亡。

子女偶有杀死父母的念头。

父母也有遗弃子女的念头。

视子女为同居人。

最晚归家时间由子女自己决定。

不可未经允许便外宿。

如何惩罚应让子女决定。

不要在乎有多久没和孩子说话。

子女的欲求,由子女自己去设法满足。

让子女分担部分家务。

教育费是父母乐捐的费用。

夫妻吵架不必怕孩子看到。

迟早要离家的。

父母应该知道的事儿

他们是典型的在不断地犯错误中长大的孩子。一旦成年,他们就不会再犯什么错误,就像是该犯的错误都已犯了。他们由于反叛性格最突出,因而也最容易领悟忏悔的意义。只要在他们成长的过程中,始终不放弃他们,让他们理解每一个人应该具有的爱心,他们会成为最具爱心的人。

多种智慧理论及调查

财商型孩子所具有的天生的特征,仿佛是与生俱来的,他们的能力与智商型孩子、情商型孩子有着显著的不同,并在少年时代就会有惊人的表现。

请你暂且假想自己生活在史前时代，深更半夜，你被一阵轰雷吵醒了，你发觉一群巨象正冲向你栖身的草棚。为了便于讨论，假如你现在可以任意从20世纪调兵遣将，找人来帮你挣脱困境的话，你会找谁？

会是爱因斯坦吗？不可能，个头太小又手无缚鸡之力。詹姆士·乔伊斯如何？抱歉，近视太深了。罗斯福呢？可他坐在轮椅上。这些20世纪“绝顶聪明”的人，在你急需帮助的时刻，丝毫派不上用场。事实上，在这种环境中，他们当中有的人可能早就无法生存了。相反地，如果建议你去找迈克尔·乔丹或是阿诺德·史瓦辛格之类的人，也许还比较能帮你解围呢！其实要在那种环境里求生存，关键在于你是否身手矫健、方向清楚、行动快捷、威武有力，却无关乎爱因斯坦的相对论，乔伊斯的《苏尼根的觉醒》，或是罗斯福的新政。

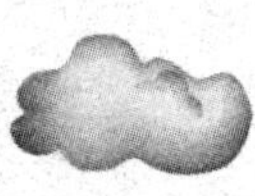

我们21世纪的人，一向把聪明智慧和会读书、会做学问的人联系在一起。然而就定义而言，智慧是指对新状况能应付自如和不重蹈覆辙的能力。如果你的车子在公路上抛锚了，谁会是最聪明而且能解决问题的人？会是个从著名大学毕业、拥有博士学位的人，还是一个高中毕业的修车技工？如果你在大城市中迷路了，谁最能帮你忙？会是一个正在思考问题而心不在焉的大学教授，还是一个很有方向感的小孩？一个人有无智慧，要看他如何解决生活中所面临的各种情况、各种考验和各种需求，而非智商高低、有无大学文凭和有无声誉所能决定的。

一些有关智力测验预估性方面的研究，可以证明上述的说法。因为，虽然智力测验可以用来预测学业成绩的好坏，但却无法决定学生毕业后进入社会的成败。在一项对功成名就的专业人士所做的调查中可以看出，这些人之中，有三分之一的人智商并不高。很明显地，智力测验所能测试的，很可能是某种“在校学习的天赋”，而真正的智慧，却必须包括范围更广的各项能力。

以下将探讨各式各样的聪明智慧。智慧，不是某种神奇的、可用智力测验测量出的脑内物质；智慧也不是一种稀有贵重的染色体，由上天赋予少数的幸运者。这里将探讨的智慧，是存在于生活中各个层面的“多种智

慧”。运动员、艺术家、音乐家、企业主管、神学家、心理辅导人员、销售人员、小学教师、焊接工、机械技工、建筑师等，他们的智慧都在我们的探讨之列。此外，我们也将研究世界各地各种文化、各个民族所蕴涵的智慧，包括波利尼西亚人的航海本领，南斯拉夫史诗歌咏乐手的说书才华，日本企业大亨的社交手腕，等等。

通过这些，你会对这一愈来愈受科学界与一般社会大众重视的革命性思想有所认识。由心理学家豪尔·葛德纳以十五年心血研究发展出的“多种智慧”理论向传统的聪明智慧定义提出了挑战。葛德纳认为，我们一直太注重语文表达能力和逻辑思考能力，也就是典型的由智力测验所测试的能力，而忽略了其他方面的智能。他觉得至少有七种智慧，值得我们认真探讨。

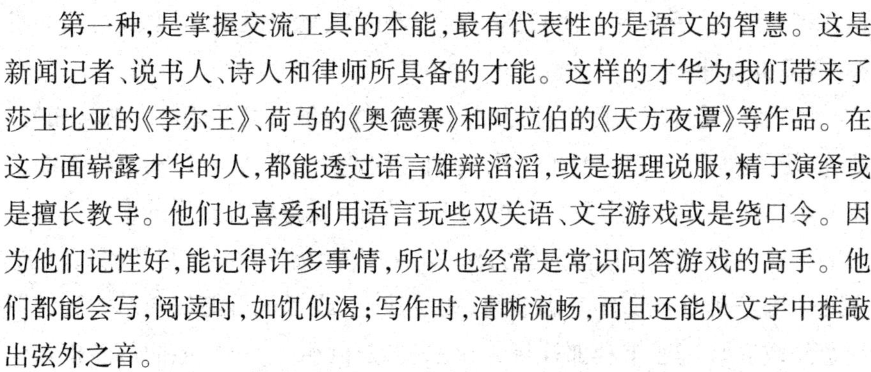

第一种，是掌握交流工具的本能，最有代表性的是语文的智慧。这是新闻记者、说书人、诗人和律师所具备的才能。这样的才华为我们带来了莎士比亚的《李尔王》、荷马的《奥德赛》和阿拉伯的《天方夜谭》等作品。在这方面崭露才华的人，都能透过语言雄辩滔滔，或是据理说服，精于演绎或是擅长教导。他们也喜爱利用语言玩些双关语、文字游戏或是绕口令。因为他们记性好，能记得许多事情，所以也经常是常识问答游戏的高手。他们都能会写，阅读时，如饥似渴；写作时，清晰流畅，而且还能从文字中推敲出弦外之音。

第二种，是数理逻辑的智慧。科学家、会计人员和电脑程序设计人员便是具备这一类智慧的人。牛顿发明微积分、爱因斯坦发表相对论，都是靠这一种智慧。生性具有数理逻辑倾向的人，擅长推理，思考时注重因果分析，会提出假设，寻求观念上或数字上的模式，而且保持着较理性化的人生观。

第三种，是属于感受空间的能力。这类人在思考时，常透过图像思考，对于视觉空间的感受性很强，能变换、重塑各个层面的空间。很多畅游于这一空间世界的人是：建筑师、摄影师、画家、飞行员和机械工程师。设计埃及金字塔的人就颇具这一类智慧，爱迪生、毕加索和亚当斯也是同属这

一类型。空间感受性强的人通常都能明察秋毫，且能将脑中思索的概念以图像表现出来，对于三维空间可充分掌握运用，应付自如。

第四种，是属于音乐性的。这一种智慧最主要的特征，是对于节奏和旋律的感受、欣赏和创作。巴赫、贝多芬、勃拉姆斯之类的人具有这样的智慧，塔里岛的民谣乐手和南斯拉夫的史诗歌咏乐手，也都有这样的智慧。任何人，只要听觉敏锐，唱歌时不荒腔走板，而且颇能辨别不同类型的乐曲，也就具备了这类智慧。

第五种，是动作灵敏，属于"身体"型的智慧，这类人举手投足灵巧敏捷。比如运动员、手工艺匠、机械技工、外科医生大多有这样的智慧。卓别林也是靠这种肢体动作的灵巧扮演"小流浪汉"的角色。身手灵敏的人善于缝纫、木工和模型制作，这类人也喜爱体能方面的活动，像健美、跳舞、慢跑、露营、游泳、泛舟等。他们是"动手型"的人，触觉灵敏，需要经常活动身体，遇事也较冲动。

第六种，是属于人际交往方面的能力，能善解人意并能与人融洽相处。此外，更需要有察言观色的本领，对别人的情绪、脾气、心意和期盼都能反应灵敏。在豪华游轮上负责联谊的工作人员，就得要有这样的本事。大公司的行政主管也应有这样的能力。一个在人际交往方面有智慧的人，可能会像印度圣雄甘地那样充满热情、关注社会，或者也可能如同意大利佛罗伦萨的政客马基亚维利那样玩弄权术、老奸巨猾。不过，他们都能摸透他人的心思，能从别人的着眼里观看世事。正因如此，他们都是沟通、谈判的高手，也是很优秀的老师。

第七种，是认识自我的智慧。在这方面有能力的人，很能进入自己的感觉，分辨自己各式各样不同的心理状态，并能运用这种自我了解来引导自己的人生更臻胜境。心理咨询人员、神职人员和自营商人都是具有这种智慧的人。他们是十分内省型的人，喜好沉思、默想、探索自己的心灵世界。然而他们也可能非常独立、责任感强，而且自律甚严。但是无论在任何情况下，他们都会自成一格，宁愿独自做事而不愿与人共事。

很多人认为自己只具备了前述的一种或两种智慧，但事实上，每个人

都拥有所有的七种智慧。其实，还不止于此，任何正常人都可将每一种智慧发挥到相当的水准。因这七种智慧在我们个人身上显现的方式不同，我们每个人也就各具特色，与众不同。能在六种或七种智慧上都出类拔萃的人，是较罕见的，20世纪初期的德国思想家鲁道夫斯坦是一个例子。他是哲学家、作家和科学家，同时他也发明了一种舞蹈、一套色彩理论和一套园艺方法，他还是雕刻家、社会学家和建筑师。

而在另一方面，也有少数人，他们仅在一种智慧上登峰造极，其余的智慧都远落人后。这样的人，是一种专才。譬如荣获奥斯卡金像奖的影片((雨人》中的雷蒙，他计算的速度快若闪电，却无法将自己料理好。或者有的人擅长雕刻，但却目不识丁，也有的人歌喉嘹亮，却动作笨拙，联系鞋带都成问题。

多种智慧的理论

过去我们认为大多数人都是落在“全才”和“专才”之间的某一点上。现在，我们把这些归纳成“三类天才”的素质，就像有的孩子会有几样比较突出的智慧，另有几方面表现平平，还有几方面则困难重重。但重要的是，在这一新创的智慧理论中，每个人都能崭露头角。多种智慧的理论，将人类才智的辽阔领域纳入“三类天才”的体系之中，使得每一个人都能成为人生的赢家。

理论根据

“多种智慧理论”并非是第一个提出“多种智慧”的理论，在过去两百年间，已有许许多多的理论大力提倡此说，它们认为智慧非仅一种，有的甚至主张，不同的智慧可达150种之多。而“三类天才”的理论之所以高明，是因为它能以许多不同学术领域内的研究成果来支持它的说法，这些领域包括人类学、认知心理学、发展心理学、数理心理学、传记研究、动物生理学，以及神经解剖学。法国学者葛德纳在他多种智慧的理论中所提出的每一种智慧，都验证了人类天才的基本要件，他为每一种智慧都设定了明确的要件，下列即是这些标准中的四项：

(1)每一种智慧都能借由符号表达。

多种智慧理论认为人类智慧的特色，在于有能力以符号达意，也就是借由图像、数字或文字来描述思考意念和生活经验。当美国益智电视节目主持人在“幸运轮”的游戏节目中，手指英文单词pr_gram的空白处时，大部分观众都能填出那个空缺的字母，因为他们都懂一种共同的符号——英文。这是一套语文符号的例子。多种智慧理论认为，不同的智慧可借由不同的符号表达。数理逻辑思想家使用数字和希腊字母，以及其他符号来表达旋律与节奏。法国著名的哑剧演员马歇马叟，以复杂的手势和表情作为肢体动作的符号，来表演诸如自由和孤独之类的观念。此外尚有社交应对的符号，还有自我的符号，譬如在清晨梦境中出现的形象。

(2)每一种智慧都有它的发展历程。

智慧，并不是某种绝对的特质，从出生时就固定，而且终生不变。有些深信智商神话的守旧派人士，就仍对智慧保持这样的看法。根据葛德纳的多种智慧理论，每一种智慧都在幼年时期的某一时点萌发，而后在生命历程的不同时期茁壮成长，再随着年龄的增长而老化。每种智慧都各有其独特的衰退形式，有的呈逐渐式衰退，有的是急剧式衰退。在七种智慧之中，艺术天才展现得最早。莫扎特3岁时就能谱写简单的乐曲，9岁就会写交响乐了。音乐天才能够持续至老年时期而仍十分旺盛，知名的音乐天才如西班牙的大提琴家卡萨斯、作曲家史特拉汶斯基和亨德尔，他们的一生都是明证。

然而，数理逻辑的思考能力却是另一种发展形势。这种能力在幼年时期的萌发较晚，而在青少年时期或初成年时期达到最高峰，中年后便衰退了。我们从数理思想史上便可看出，几乎所有的重大发现，都是由那些有数理才华的人在40岁之前发现的。事实上，许多重要的发现都是青少年所做的，诸如巴斯卡和盖勒。即使是爱因斯坦，也是在稚嫩的16岁初探相对论。其他的智慧相类似地也在人类生命的周期内，呈现各自不同的长形式，这是专业天才的特征。而天才的首领取得的巨大成就显得更晚，如孙中山、林肯等。

(3)每一种智慧都会因脑部某些特定部位受伤，而遭受损害。

多种智慧理论发现，借由脑部受损，可以将各种不同的智慧区分开来。葛德纳指出，任何智慧理论，若要站得住脚，必须要有生物学的基础才行，也就是必须根据脑部生理学。葛德纳是神经心理学家，他在波士顿移民管理局为脑部受伤的人服务，这些人的七种智慧中的某一种智慧曾受到损害。譬如有一个人的左脑前额叶曾受过损伤，他无法说写自如，却能唱歌、能绘画，也能跳舞。这种情形，是因为他的语言智慧这一部分受到损害。可是，右脑颞叶受损的人，可能就会影响他在音乐方面的智力，但说、读、写的能力却不受影响。右脑枕骨叶受损伤的人，他的想象力、辨识面孔的能力，或在视觉上分辨细微事物的能力，都会大受影响。

多种智慧理论认为，脑部系统可区分为七个颇为独立的部分。大多数人的语言智慧，多半依赖左脑的功能，而音乐的、感受空间的和人际交往的能力则大体由右脑掌握。动作灵敏的能力，是由运动神经脑外层灰质、基底神经节与小脑控制。脑前额叶则对认识自我的智慧特别重要。虽然人脑万分复杂，我们无法将它清清楚楚地描绘区分为七个部分，但可以有三类人才表现，多种智慧理论将二十五年来神经心理学方面的研究发现精心综合整理，集成一家之言。

(4)每一种智慧都具有文化价值。

多种智慧理论认为，具有智慧的行为，是由人类文明的最高成就呈现出来，而不是由智力测验成绩的好坏来决定的。典型的智力测验所测试的能力，例如将几个彼此无关联、随意排列的数字，依序重述，或倒序重述，或是解决一些类比推理的题目，这些都没有什么文化价值。你可曾听说过，一个祖父会把孙儿抱起放在膝上，对他说："我要教你一桩很有意义的事，我希望这对你也会是很有意义，二十三、十六、九十四、三、十二……"。而真正得以代代相传的，是民族神话、民间传奇、文学、音乐、伟大的艺术、科学发现和不朽的技艺。

多种智慧理论认为，若要研究智慧，我们应该研究每一种文化中在各方面最杰出的代表，那应该是梅尔维尔的《大白鲨》，而非数理心理学家笔

记内的一些符号;应该是毕加索的画《格尔尼卡镇》,而非空间推理测验中的一些几何图形;应该是英国的《大宪章》或耶稣的《登山宝训》,而非测量人际关系成熟的度量表。

(5)综合的理论体系。

多种智慧理论认为,各个民族文化以各自不同的方式表现其智慧的行为,是非常可喜的事。这一智慧理论,并不以欧洲白种人所研究发现的语言智慧和逻辑智慧作为智慧的尖峰,而是将人类智慧包含的层面予以拓展,构成多种智慧的理论体系。因此,无论是喜马拉雅山区善爬族人的循迹追踪能力,或是南非卡拉啥利沙漠区布希人复杂的分类方法,或是奈及利亚阿能族的音乐天才,或是玻利尼西亚领航者的独特绘画本质,还是世界各地其他民族的特殊能力,从多种智慧的角度观之,都是同等伟大的,都值得尊崇。

多种智慧理论,除了上述特色之外,同时亦认为每一种智慧,在记忆力、注意力、觉察力和解决问题等方面,都有其各自的认知过程。譬如,你在音乐旋律方面的记忆力,可能不如你对面孔或数字的记忆力。你也可能对音调感受敏锐,但在语音方面却无法分辨“th”和“sh”的不同。甚至,七种智慧还有它们各自的演进历程。音乐方面的智慧有一部分是从鸟鸣中演化形成的,而动作灵敏的智慧,则是从早期人类生活中的狩猎活动演化而来。心理测验及实验研究,还可为这七种智慧提供数字资料方面的佐证。因此,多种智慧理论并非只是一个概念,而是将目前各种有关儿童智慧成长的研究,综合集结而成的一套人的发展的理论体系。

(6)找出七种智慧三个组合。

现在我们已稍微了解了这种理论的科学根据,那么让我们看看你的孩子的情况如何。智慧的复杂与丰富绝不是几十分钟的测验所能容纳得下的,我们的基本概念也是如此。虽然也有不少测验可以测试七种智慧的不同层面,不过,最好的办法还是通过日常生活的所作所为,做一些实实在在的估量。

你可用他每天都做的某件事测试,譬如打电话,你的孩子用什么方法

记住电话号码?他在拨号前,是否曾自言自语式地重述号码?如果是,那么他用的就是语言的方法。如果是想象键盘上所要按键的位置形式?那表示他在使用他的空间感受方面的智力。我们甚至还听过有人说,他们是靠按键式电话发出的特殊音响旋律记住电话号码的,这些人一定是有音乐智慧的。所以,要想了解自己孩子的智慧,可以从日常活动中略见梗概,譬如可从打电话的动作做一判断,而不是从一些人为设计的智力测验题目中,去寻找孩子的才能所在。

多种智慧调查表

请在下列各组智慧调查表中,勾选出适用于您孩子的项目。

(1)语文的智慧。

书籍对他非常重要。

在他未读、未说、未写之前,他可在脑中先听到这些字。

他从听收音机或录音机中所吸收的,要比他从看电视或电影中吸收得多。

他对文字游戏,譬如拼字游戏、填字游戏等很感兴趣。

他很喜欢以绕口令、打油诗或是双关语来自娱或与人同乐。

别人有时会询问他,要他解释他所说的话或他所写的文章的含义。

对他而言,学习语文、社会学科和历史要比学习数理容易。

当他在高速公路上乘车时,比较注意巨幅看板上的文字,而不太注意沿路的风景。

他在谈话中,经常会提到他读过或听过的事情。

他最近写了些东西,自己觉得很不错,或是别人觉得他写得很不错。

语言方面的其他长处。

(2)数理逻辑的智慧。

他可以在脑中轻而易举地计算数字。

他最喜欢数理学科。

他喜欢玩需要逻辑思考的游戏。

他喜欢尝试“如果……会如何”的小实验。(例如:如果他浇花时将水量

增为两倍的话,结果会如何?)

他会思索各种事物所蕴涵的规则、周期或逻辑关系。

他对科学的新发现很感兴趣。

他相信,几乎所有的事物都有合理的解释。

有时,他的思考方式是通过一些清晰、抽象、无字、无图的观念表现出来的。

他喜欢指出人们在日常言行中的不合理、矛盾之处。

当事物经过度量、分类、分析或以某种方式计量之后,他才觉得比较安心。

数理逻辑方面的其他长处。

(3)感受空间的智慧。

当他闭上双眼时,常能看见清楚的影像。

他对色彩反应灵敏。

他常用相机或摄影机拍摄身边的事物。

他很喜欢玩拼图游戏、迷宫游戏和其他视觉的猜谜游戏。

每晚,他的梦境都历历如真。

在不熟悉的地方,他不太会迷失方向。

他喜欢随意涂鸦。

他觉得几何比代数容易。

他很能想象当他临空鸟瞰某一事物时,该事物将呈现何种形象。

他比较喜欢看有很多图画的读物。

感受空间方面的其他长处。

(4)动作灵敏的智慧。

他经常参与一种运动或体能活动。

他很难做到长时间安坐不动。

他喜欢用双手做一些实在具体的事情,例如缝纫、编织、雕刻、木工或是模型制作。

当他外出长时间散步或慢跑时,或当他在做其他的体能活动时,他的

头脑最灵活，最能想出好点子。

他多半喜欢户外的休闲活动。

当他与人交谈时，常使用手势或其他的肢体语言。

当他想进一步了解事物时，他得触摸它们。

他喜欢坐云霄飞车或玩其他惊险刺激的游乐项目。

他认为自己手脚很灵活。

他会想要亲自体验一项新技能，而不想只是阅读有关它的报道或观看描绘它的录像。

动作灵敏方面的其他长处。

(5)音乐的智慧。

他的歌喉不错。

他听得出音乐是否走调。

他经常听收音机播放的音乐、唱片、录音带或激光唱片。

他会弹奏一种乐器。

如果没有音乐，他会觉得生活很贫乏。

他在街上行走时，有时心头会掠过一段电视广告配乐或其他音乐。

他可以用一种简单的打击乐器，轻易地跟上音乐的节拍。

他知道许多歌曲的曲调。

一首乐曲，他只要听过一两次，就能有板有眼地把它哼唱出来。

当他工作、读书或学习某种新事物时，经常会哼哼唱唱或是用脚打节拍。

音乐方面的其他长处。

(6)人际交往的智慧。

他是那种同学或邻居会上门找他玩的人。

他比较喜欢团体型的运动，像羽毛球、排球或垒球。

当他遇到问题时，多半会求助于别人，而不太会试着自己解决。

他至少有三个亲密的朋友。

他比较偏好与人同乐，例如玩“大富翁”或是桥牌，而不太喜欢独自寻

乐，例如玩电动玩具和单人纸牌游戏。他喜欢将自己懂得的教给别人，他喜欢这样的挑战。

他认为自己是领袖型的人(或是别人视他为领袖)。

他喜欢与众人为伍。

他喜欢参与学校、邻里社区有关的社交活动。

晚上的时间，他宁可和朋友一起消磨，也不愿一人待在家里。

人际交往方面的其他长处。

(7)认识自我的智慧。

经常独自沉思、默想或是思考重大的人生问题。

为了更进一步的自我了解，他参加过心理咨询或个人成长之类的讲习。

他的见解与众不同。

他有一项独特的嗜好或兴趣。

他经常会思考一些重大的人生问题。

他有自知之明，了解自己的优缺点(可由其他资料来源证实)。

他宁可独自在林中小木屋度周末，不愿到一处熙熙攘攘的游览胜地度过。

他认为自己是个意志坚强、个性独立的人。

他写日记，将自己的内心感受记录下来。

他尝试独立做一件事，或至少认真想过将来自己开创一番事业。

认识自我方面的其他长处。

做完以上的调查项目，你或许发觉，这些都是你对他已知的部分。就某一意义而言，我们的目的，就是证实你对他聪明才智的一些看法。你可能很乐于知道，他的一些天赋才能的的确确是智慧。尤其是你对智慧的见解，也正好不同于一般人所重视的以语言逻辑为主的智慧，我们将使你更了解自己的孩子。由以上才能的评估调查，也许你也发现了他一些颇令你惊讶的事，因而更急着想对孩子各方面的智慧再进一步挖掘。然而，在你尚未继续往下读之前，请切记以下的建议。

(8)综览全貌。

可能，他是个数学天才、好运动员，阅读能力不错，视觉感受性却很差，

喜欢交际，但五音不全、没有音乐细胞——这一切，全都蕴藏在他那个与众不同的大脑内。这也就是为什么你非得读完全书，多了解几种智慧，这样，你才能了解他全部的才智——它就像全程摄制的录影，而不是一张如同黑白快照般的标签，贴在身上，却毫无意义。

(9)为孩子的优点庆幸。

多种智慧理论有许多伟大的贡献，其中之一便是，它为每个人都提供了一个展露才华的机会。在研究小组担任学习辅导的工作中，研究者和许许多多始终不了解自己孩子才能的父母接触过，这些父母之所以如此，是因为他们的孩子无法成为他们所期望的，在数理或语言方面有才能的人。我们可以使这些父母体验到，若就那些数理、语言之外的智慧而言，这些孩子也是才华卓越的人。

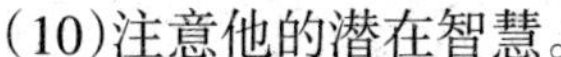

(10)注意他的潜在智慧。

当你在研究我们的理论时，可能会发现一些你以前意识到，却已忽略多年的他在孩童时期拥有过的才能。这些智慧，就是他尚未启用的潜能。也许因为他小时候在家中或学校里遭遇过一些不愉快的经历，而使他把它们关闭了；或许因为从未有人帮他开发过这些潜能。总之，无论因何种原因它们被忽略了，你都可以去唤醒这些蛰伏的潜能，而使他的各项智慧能够朝向那些你认为绝不可能的方面寻求发展，并会告诉你如何挖掘他的潜能，寻回这些被忽略的智慧。你可以现在就开始做这件事。

假如他笨手笨脚，或五音不全、荒腔走板，或没有数学细胞，或有其他令你无法释怀的短处，千万别陷入绝望之中。

父母应该知道的事儿

你不可能由任何一种能力测验中确定孩子在各方面的智力。不过，你可从他日常活动所做的事项当中选取一些样本做一些调查，这样，你也许就可以比较了解他的思考方式。下列的几组调查表，总共包含七十个项目，就可帮你做一测试。每一组问题之后，留有一些空白处，可供你写出表内未列出的其他能力。你千万别把这些调查表当做最后的定论，本书内还有许多其他的练习活动，可帮你了解孩子在各方面的智慧，这几组调查表只不过帮你做一初步探索而已。

四、财商型孩子的成长训练

要让家庭成为孩子的避风港，给他们一个探险的人生、辉煌的生命之旅。一个天才的成长之路肯定不会是平坦和笔直的，总是艰难曲折、坎坷不平，充满了各种矛盾和斗争。如果有真爱，我们就能发现，对任何孩子都一样，没有什么是不可容忍的错误，如果你能发现他的神奇，就知道如何保留他们的神奇魅力去培养他们，要正确对待他们成长中的错误。

财商型孩子天才特征的显现

孩子的成长是一个漫长的过程，但每一个时期，都要完成具体的指标，如从生活开始帮助他们学会饮食、饮水、习惯清洁、懂得成人的拥抱，对周围人建立起信赖感，使他们获得安全感。一年之后，就必须通过各种方式发展他们的自主感，在满4岁时就要让他们拥有自主意识。而在5岁至8岁左右的时候，就要让他们发展出“主动”及“想象”的感觉。他们未来的人格的发展，就有赖于早期各阶段的健全发展。与此同时，在健康的成长中，从6~7岁开始，就能获得“热衷”及“勤勉”的感觉。如果其中一个阶段的发展被推迟，便会导致人格发育的迟缓，这对他们将来的竞争与生存都十分不利。

财商型孩子虽然在10岁之前，看起来没有别的什么特色，但从10岁以后，比其他孩子更有特点的“认同感”开始显露。通常其他孩子多数是12~16岁左右才表现出这种对成熟显得非常重要的认同心理。可以说，财商型孩子从这个时期，才有了明显的天才的特征、强烈的首领意识。独特的领

导才能、组织才能逐渐崭露头角，虽然一时还不会派上用场，但这种“心性”是他们日后成就大业的心理基础，磨砺愈多愿望愈强烈。因而说他们有“天生的智慧”，是“天才的首领”。他们的独立性格、适应能力，包括对人生有益的价值观因此而完全得到充分的发展，表现出领袖与旗手的风范。

传统的教育重视智力因素的培养，忽视非智力因素，在应试教育中把孩子关进大学校门。回头去看看历史，有几个状元能有所作为。现在是一个需要天才的时代，平庸的人才对社会没有太大的用处。真正的天才是身心都均衡发展的人才。家庭教育、学校教育与社会教育作为育人成才的三大支柱，它们在对孩子教育和培养方面具有不同的功能。家庭是“人才”培养的第一站。它是培养情商型孩子的关键所在，这些艺术天才能否赶上“早班全程快车”，全有赖于这一站。而学校作为“人才”培养的第二站，它是培养智商型孩子的关键所在，这些智力优先发展的智商型孩子能否跨上“中班全程快车”成为专业天才全在于学校的培养。而我们这里介绍的培养财商型孩子的是可以称作第三站的社会。他们所受的社会教育有着明显的自我教育的色彩，像海伦·凯勒所创造的奇迹，像毛泽东这样的伟人，他们能否乘上“晚班全程快车”在于他们能否在社会这个最大的课堂里汲取丰富的营养长成“参天大树”。怎样才能成为巨人，这是以往的教育中很少研究的问题，事实上它就是本书研究的问题。在这里我们要告诉大家的就是，身心的均衡发展是铸就伟大天才的不二法门。

身体健康是以后能成就伟大事业的基本保证，没有健康的身体的人，很难有健康的心理，没有健康的身体和心理，就很难有伟大的灵魂，没有伟大的灵魂就不会有伟大的事业。个人不同才能的发展既相互推动，又相互抑制。以艺术天才为例，艺术天分的优先发展和绝对优势，对个体的智力和综合思考能力都有抑制作用，即艺术才能始终容易占据优势地位。而推动作用是在基本才能优先发展的情况下对其他才能的发展起到迅速提高的效果。同样，专业天才智力的发展，也会对艺术才能以及其他的才能起抑制作用或促进作用。虽然我们只介绍了三种不同类型的才能，但事实上，才能绝不仅限于这三种。财商型孩子因为成才时期长，在20年甚至40

年的发展时期内，没有一种能力的发展能绝对压倒另一种能力，使他们能够在素质的构成方面，有更大的“容量”，使得他们的才能能达到惊人的地步。任何一种天才都需要身心的均衡发展，而对财商型孩子而言，不仅需要身心的均衡发展，还需要各种才能的均衡发展，保持综合能力强的特点。某一项才能的迅速发展，都会促使其过早成才，这是成熟的信号，也意味着发展进入高速阶段。

父母应该知道的事儿

财商型孩子综合素质高，他们的生活面较其他类型的孩子就更宽。需要有多种尝试，不要求一门技术学到头。他们好像总是没找着最后的目标，在不断的摔打中，越磨越强，磨砺越多可能越有出息。当然，如果他们很早就选定了目标，可能会搭上“中班车”成为一个专业天才，也会很有出息，但是，他们有可能取得更大的成就。

儿童的早期训练法

为了培养一个“伟大的人物”，我们必须保证他们在各个方面都得到良好的训练。旺盛的精力、炽热的情感、过人的胆识、坚强的意志，所有这些伟人的特点，都不是天上掉下来的，都是几十年积累而成的结果。

兴趣、专注、游戏是培养天才的最好方法，如果不培养他们的兴趣，肯定他们的专注，放任他们的嬉戏、娱乐，那么可能一直到成年，他们都没有旺盛的精力。成年人对他们过多的管教和束缚，都对旺盛精力的养成有害。我们总是以身体健康、保证睡眠等理由，强压他们老实待在家里或上床睡觉，不懂得这是青少年时期应有的训练。没有足够的训练量，他们就不具备抗疲劳、自动调节身体机能的能力。没有什么娱乐游戏的运动量超出了儿童的体质应付的范围，即使他们在野外一直玩到睡着。因为在青少年时期，游戏、玩乐是对他们潜能开发的过程，如果在这个时期，他们的体质抗疲劳、迅速恢复的潜能未得到开发，那么日后身体机能就很容易到达到“极限”。

旺盛的精力来自童年时期的训练，过人的胆识也是锻炼的结果。少年

时期的冒风险，事实上说不上有什么风险，对家庭、社会、他们的人生都不会有太大的威胁。这正是他们学习冒风险的时候，通过冒风险的训练，他们不仅会成为一个敢于冒风险的人，而且会成为一个善于冒风险的人，可谓“艺高人胆大”，将来有再大的风险，对他们来说也不算什么。没有这样的胆识，难成大器，有了这样的胆识，什么大事干不成？正是在这些有极限意味的训练中，他们才真正正确地认识了自己，了解了自己，使他们设计自己打造自己有了可能。

同样，他们的训练还包括炽热的情感和坚强的意志。如果他们对生活中的一切都不能产生兴趣，无法专注，感受不到快乐，没有爱，也没有失望与悲伤，他们就没有那份炽热的情感。情感的教育与训练，将是未来教育面临的主要问题。现代文明培养了大量没有情感或感情脆弱的儿童。人的炽热的情感来自我们的生活，来自面对风险的生活与家庭，来自对社会的强烈的责任感。如果我们没有办法让他们热爱生活，如果我们割裂了他们对生活的感情，他们未来的世界将是一片黑暗。用真实的感情与他们交流，给他们爱，让他们学会爱是我们的责任。

如果没有炽热的情感，也就不会有坚强的意志。什么都可以没有，就是不能没有爱。爱可以使人坚强，可以给人以勇气与胆识，可以给人以折磨、打击，可以让人意志诞生。如此林林总总的早期的锻炼，使他们的身心得以积极健康的发展，使他们在现实中学会了学习，在学习中学会了做人，在做人中学会了做事，在做事中锁定了人生的目标。

训练独立性格的方法

方法一：煽动法——训练孩子独立的方法

（1）命令孩子时，与其说“这样做！”不如说“该怎么做呢？”以引发孩子做事的意愿。

（2）父母不要抢先说出孩子想说的话。

（3）对于孩子的疑问，即使知道，也不要给予完整的解答。

（4）看电视剧时，常问孩子：“换作是你，你会怎么做？”

（5）父母在自己专属的时间内，不要理会孩子的无理要求。

(6)让孩子从小具备某项特殊技能,可培养孩子积极的态度。

(7)要让孩子遵守约定,并让他在家人面前当众宣布。

(8)让孩子用自己的话订立计划书,可提高自动达成的几率。

(9)对无法长期学习的孩子,即可制定小目标。

(10)制订每日必行的课程,可训练持续力。

(11)即使是微不足道的小事,只要孩子遵守约定就要夸奖他。

(12)对家庭中的工作或行动,要明确指定孩子的任务。

(13)明确区分父母和孩子的所有物,可促进自我确立。

(14)即使没有独立的房间,家中仍须备有“孩子的空间”。

方法二:勉励法——让孩子勇敢面对困难的方法

(1)对完全未知的工作,只给他最初的指示。

(2)对于老实听话的孩子,父母有时必须进行“挑拨”。

(3)即使明知会失败,也要让孩子尝试并让他提出自己的意见。

(4)即使是重要事情,也要让孩子自己做最后的决定。

(5)外出时,不妨留出一段时间,让孩子单独行动。

(6)有时要故意让孩子成为“钥匙儿”。

(7)偶尔让孩子“住宿”在熟识的家庭或相互“交换”。

(8)训练孩子对客人做自我介绍,最好能让孩子与大人同席。

(9)当孩子受欺负而哭泣时,教他学会宽容与忍耐。

(10)当孩子失败时,与其责骂,不如让他重做一次。

(11)不要光让孩子参观年度例行仪式,而要让他正式参加。

(12)训练孩子做饭,可培育出勇于挑战、开拓进取的孩子。

(13)参加葬礼,尽量带孩子同往让他们学会珍惜生命。

(14)和孩子游戏时不要“放水”,而应彻底获胜。

(15)利用孩子入园、入学等“段落”作为教育的机会。

(16)让孩子尽早称呼自己为“我”。

(17)让孩子和过去的自己或年幼的孩子相比,可促使其“断奶”。

(18)从小即告知孩子何时该做什么事情,让他先有思想准备。

方法三：引诱法——恩威利诱是教养孩子的最佳方法

(1)父母与其每日唠叨，不如每三天检查一次教育工作。

(2)注意孩子的朋友，可以找到教育自己孩子的绝妙良机。

(3)小错当场责备，大错稍后质疑。

(4)由他人口中传来的赞美，可使效果倍增。

(5)即使责骂孩子，也应每次都使用不同的"台词"。

(6)使用比平常说话更低的音调责备孩子，效果更佳。

(7)在应该责骂时保持沉默，可收到比责骂更好的效果。

(8)责备孩子时，不见得一定要说明理由。

(9)先让孩子正襟危坐再责备他，可使效果倍增。

(10)惩罚过错的"威力"，最好每五回实行一次。

(11)当孩子说"可是……"时，父母应以"不错，但……"回应。

(12)孩子若将责任推给他人时则问他："那个人会怎么说呢？"

(13)孩子若不想做某事时，则干脆严禁他去做那件事。

(14)面对孩子，父亲与其饶舌，不如"沉默"。

(15)父亲应脱离家人的立场看待母子的争吵。

(16)进行指示前宣布"只说一次"，可让孩子专心倾听。

方法四：搔痒法——让孩子不再放任的诱导方式

(1)当孩子搬出"因为我朋友都这样……"的逻辑时，可回答："也有别的孩子不是这样。"

(2)即使不得不接受孩子的要求，至少也要让他等上一周。

(3)拒绝孩子的要求时，应解释拒绝的原因。

(4)即使孩子不愿一人独睡，父母也不要哄他、安慰他。

(5)当孩子叙述某事时，要让他习惯于使用主语和述语。

(6)断然拒绝孩子要求的任务，要由父亲承担。

(7)与其禁止孩子哭泣——不如先听听他的要求。

(8)如果孩子不停止哭泣，就不听他倾诉。

(9)就算是游戏，也不要允许孩子"等一下！"

(10)欲纠正孩子的任性,可让他照顾年幼的小孩。

(11)不说善恶,但论得失,即可抑制孩子的任性。

(12)父母要知道孩子是独立个体,此为断绝孩子依赖感之起点。

(13)要孩子"断奶",父母必须先跟自己的父母"断奶"。

(14)训练孩子脱离父母,可一周订出一段父母的自由时间。

(15)即使孩子使用"幼儿语",父母也应以一般言语对应。

(16)为免惯坏孩子,不要称孩子为"独子"或"奶奶的心肝"。

(17)不要常向孩子致歉说:"都是妈妈不好"。

(18)孩子争吵时,父母不要介入仲裁,而应做旁观者。

(19)和孩子一起搭乘火车时,父母不要对座位表示关心。

(20)就算孩子真的累得走不动时,也不要背他或抱他。

(21)不要问孩子:"会痛吗?"而应该问:"不会痛吧?"

(22)即使明知孩子忘了带东西,仍要故意装作不知道。

父母应该知道的事儿

只有对生活充满感情,勇于实践、敢于冒险、学会发现的人,才有可能开拓新世界,才会取得惊人的成就。在任何时候、任何年代,他们都是强者,都有着非凡的魅力。

允许青少年时期犯错误

要让家庭成为孩子的避风港,给他们一个探险的人生、辉煌的生命之旅。一个天才的成长之路肯定不会是平坦和笔直的,总是艰难曲折、坎坷不平,充满了各种矛盾和斗争。如果有真爱,我们就能发现,对任何孩子都一样,没有什么是不可容忍的错误,如果你能发现他的神奇,就知道如何保留他们的神奇魅力去培养他们,要正确对待他们成长中的错误。如果你把他们当天才看,当伟人看,你就能原谅他们的过失,你就能明白他们犯的是他们必然要犯的错误、他们应该犯的错误。不要一方面希望他们是天才,另一方面又用机械的标准的生产方式去"复制"他们。在我们所认为的犯错误方面,对每一个孩子都应该具体对待,而非要用统一的准则。

为每一个孩子定一个相对的准则，并允许他们犯错误，帮助他们熟悉“游戏规则”，希望他们能早一天完全自立。要充分考虑每一个孩子天生的特质。夸大儿童的缺点，把儿童存在的问题孤立起来，预言问题总是向严重的一面发展是没有依据的，只有有毛病、有缺点、存在某方面问题的儿童，才是可塑之才。青少年犯错误并不可怕，不犯错误的青少年才是可怕的。人不可能不犯错误，青少年时期是天才可以犯错误的时期，只有在这个时期犯过错误，才有可能在未来的人生道路上不犯毁灭性的错误，才有可能懂得反省和忏悔。我们无法理解那种不知道反省没有忏悔意识的人。

父母应该知道的事儿

从某种意义上来讲，青少年的错误是人生的一剂良药、一剂苦药，是健康成长的保证。我们大多数人都习惯拿自己并不完全相信的道理去教育孩子，这其实是一种虚伪，是一种误导，对孩子的成长没有任何好处。财商型孩子的“财商”就是正面挑战成长的风险，最终让他们获得独立的人格。

五、财商型孩子的才能训练

财商型孩子的才能训练不是教孩子理财，而是培养孩子建立正确的价值观、人生观、财商观，培养认知财富、珍惜财富和驾驭财富的综合能力。是孩子的生存能力，是孩子一辈子富裕幸福生活的根基！

财商型孩子的早期语言启蒙

语言天分中最重要的是能够使用语言达到实用的目的。纵使语言本身并不绚丽，也非一流，但它却能提升人的生活，或以某种具体的方式改变人生。

语言之所以会成为人类最有智慧的表达，就是因为语言可以激励人，让人用来消遣娱乐或讲解传授，以及语言对意识可产生深远的影响等。本节将探讨语言在生活中的影响力，告诉你如何加强你的孩子已有的语言能力，使他生活得更顺利，以及如何通过日常说、读、写各方面所运用的词汇，使他语言能力增强。

语言的智慧在于表达

文字存在的时期，至今只有六千年左右，而语言的存在，却可追溯到三万至十万年前的史前时代，甚至，假如你认为猿类所发出的那些有意义咕噜声，可算作语言智慧起源的话，语言的历史可以回溯至更久远的年代。

数千年来，世界各地的文化都发展出繁复的口述文化——从精心描述的族谱到一些传讲上帝真理、人类自身和大自然的神话、寓言、谜语及故事。这些口述文化，在许多地区仍很有影响力，非洲的某些部族，酋长的权

势体得自他的辩才，他若能驳倒对手，便会得到族人的拥戴。墨西哥有一土著语言，在其使用的各种词汇之中，有四百多个词汇与语言的运用有关。而在中东，若能在公共场所背诵诗文和《可兰经》是很风光的，有这样本领的人，便可获得“荣誉诗人”的头衔。

而在当代社会，口述文化似乎十分不振。修辞这种技巧，曾经一度非常受人重视，现在却沦为一种侮辱——“那只不过是卖弄辞藻罢了!”。对于历来大演说家的演讲，我们只隐隐有点印象，例如林肯的盖茨堡演讲、威廉·布莱安扣人心弦的演说(他曾说雄辩是“熊熊燃烧的思想”)和罗斯福的炉边谈话。美国有一位评论家曾说，美国人若想知道何谓辩才，恐怕得回到二十多年前，听听马丁·路德·金博士的演讲《我有一个梦》，或是肯尼迪总统的就职演说，才能见识到美国人真正的口才。

根据美国诗人及文评家当劳豪尔的说法，在20世纪的二三十年代之前，美国人是生活在一个“大声朗读”的社会中。那时，家人会定期同读圣经、一起说故事、参加读书会或辩论会，在学校里也要诵读课文。财商型孩子小时的特点是和一些朋友聚在一起，大家轮流说故事、背诗文，并且是个组织者，这个体验对他们而言意义重大。下面的这些练习，不仅能使你重视口述的传统，并且能让孩子学会如何与家人亲友共度一段“大声朗读”的时光。

这一练习，需要有三人或更多的人，大家一起做。现在先假设这一群孩子既无纸笔，也无书籍，在百无聊赖之时，大家想到说故事。他们能说些什么呢?有什么可说的民间故事、神怪故事、动物寓言、鬼故事、山中传奇、谜语、笑话或是绕口令呢?他们记得哪些名诗佳句，俗谚名言呢?来，大家轮流试试讲一段。如果你愿意的话，可以随时让孩子做这样的练习，你也可以让孩子独自做。

当你体验过这种在文化宝藏中挖宝的经历后，可能就更想要训练自己孩子的口语表达能力。在此我们提供一些建议：每星期你可花几分钟用来指导他背诵，你可以选他最喜爱的文学作品，或是利用类似《名家佳句选读》或各种文集，背诵其中的片段。你也可以选一些自己喜欢的故事或神

话，叫他熟读之后练习把这些故事说给家人或朋友听。

英国制作广播节目的幽默大师盖瑞森克勒说，通常大概得练习十到十二遍，才能把一个故事说得不错。让孩子多参加一些说故事比赛、诗歌朗读或其他口头表达形式的活动，买一些说书的录音带，多留意故事的内容，多学习这些人讲故事的技巧。

当他背诵得愈来愈多时，你会发觉，无论在学校需要演讲或与人讨论时，或是在日常的社交闲谈之中，他都可以把这个刚学会的本事施展出来，而且在写信、写报告或其他方式的写作中，也都可以派上用场。

语言的丰富内涵和多彩多姿

自娱式的阅读，可以产生另一种对语言的热情，使人投入知识的海洋，乐而忘返。

孩子们学习语言的情形，很值得注意——他们从咿呀学语开始，便不断与文字和语音接触——在6～10岁，他们每年大约可学会400个新字。而成人一年却仅能精通50个新字。我们推想，成人的学习效率之所以如此低落，是因为他们对文字的神奇奥妙已久不闻问了。

就某一意义而言，每一个字都有其历史渊源。今日的语言，是经过一段长时间演变的结果，从上古语言开始，历经各个时代在写法、读音和字义方面不断的琢磨改进，才呈现出目前字典中的面貌（这些字还是继续在改变、更新）。

下面的练习，可以帮助孩子赏析这层层的演变，进而扩展他的词汇量。

先将阅读时遇到的生字，写在一页纸上（或是写在他的写作笔记本内），再选一个他最感兴趣的字，便可开始步入一段“考古之旅”。

首先，到图书馆去，在《辞源》中找出这个字。《辞源》不但对文字追根溯源，而且还在各个时代的文献中，举证说明每个字的演进过程。然后，在一页空白的纸上画几条等距的横线，代表不同的年代。在纸的上方，写出这个字目前最通行的定义和用法。其次，在依序的下一栏，写出此字在前一年代的使用情形（包括实例和日期，以及可能的不同用法）。在最下方的一栏，写出此字在其他语言中的根源。

其次，也可以鼓励孩子天马行空的幻想。从小就教他们耍一些“小把戏”，当他们表现乖巧时，给他们一些奖赏，想办法鼓励他们在言谈中运用一些新字，反复咀嚼，细细玩味一些同义字、反义字，并为这些新结识的朋友找寻一些幽默有趣的字义。

最后，文字游戏可能是学习新字的最佳方式，也可能是玩旧字新释的最佳游戏。每天，将近有三千万人在玩报上的填字游戏，这些填字游戏分别刊登在一千七百多种不同的报刊上。在美国，有27%的家庭都备有拼字游戏，而这一玩具自1931年问世以来，销售数量已达一亿，市场遍及世界各地。在美国各处的玩具店中，尚有许许多多、各式各样的文字游戏，每年并有数十种新的游戏上市。此外，还有不少文字游戏，无须用拼字游戏的硬板，也不用填字游戏的报刊，而是由玩游戏的人自己决定如何终结一场游戏，这类游戏颇能增进孩子的语言智慧。你可以为他们介绍几种这样的游戏。

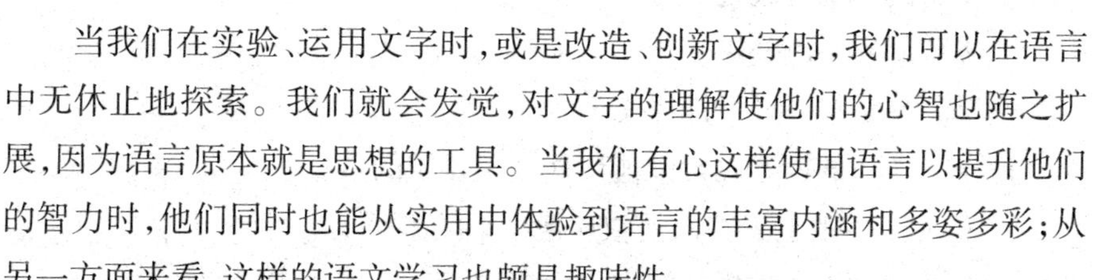

当我们在实验、运用文字时，或是改造、创新文字时，我们可以在语言中无休止地探索。我们就会发觉，对文字的理解使他们的心智也随之扩展，因为语言原本就是思想的工具。当我们有心这样使用语言以提升他们的智力时，他们同时也能从实用中体验到语言的丰富内涵和多姿多彩；从另一方面来看，这样的语文学习也颇具趣味性。

感受语言世界

自幼，我们便生活在语言之中。因此，大多数的人都会把语言转化为“内心的说话”，使语言变成自己思想的一部分，且透过这个“内心的说话”去思想。有些人将我们的心智在这方面的能力称作“自语”或“自白”——也就是那不断在我们的意识层面下活动的内心独白。詹姆士·乔伊斯在他的小说《尤里西斯》中，便说明了这一过程，在他书中各个角色的内心活动如何变化，尤其是在小说的结尾部分，当玛莉布鲁昏昏欲睡时，乔伊斯将她的内心思绪全都展现在我们的眼前。

谈到意识流时，作家们有时会说，那种情况就仿佛屋内真的有某人在和他们说话。诺贝尔文学奖得主贝娄思索道：“我想，我们每个人的内心中

都有一个原始的评论家,从小他就在指导我们,告诉我们究竟真正的世界是何面目。我的心中就有一个这样的评论家……所有的词汇、用语、字音都由他而来,有时……是已完全标点清楚的整段文字。”英国诗人斯蒂芬·史宾德也说出类似的经验:“有时,当我处于一种半睡半醒的状态时,我感觉到似乎有一串文字从我脑海中流过,这串字并没有什么意义,但却有一种声音,是一种很激昂的声音,或是背诵诗的声音,这些诗都是我熟悉的。”你可以用下面的练习去帮助你的孩子,感受到这些来自他的语言世界的声音。

1.语言的形象

阅读下列每一项目,并且练习用孩子的心灵之耳“倾听”每一项的说话声音:

一个朋友叫他的名字。

你在诵读一本书或是一份报。

总统所说的一篇演讲。

全班的孩童在齐声背诵课文。

他自己内心的声音在诉说他计划今天要做的事。

一位九十岁的老人在向他叙述他生平的故事。

一个五岁的小孩在向他解说他如何用泥沙堆了一座城堡。

一位教过他的老师正在讲课。

一位广播员正在播广告。

在这项练习中,如果你的孩子无法明辨这些声音的形象,不用担心,有许多作家运用一些其他方面的才智来写作,例如动作方面或视觉方面的。还有一些作家,甚至是以无声的方式掌握文字。譬如,诗人艾美骆威尔说:“我并没有听到声音,可是我的确听到有人念这些字,不过那是一种无声地念。”无论你的孩子的体验是何结果,这一练习都会提升他(她)用内心倾听的能力。

这种能力,可以使你的孩子能像作家一样表达流畅。下一个练习是运用这一内心语言的能力,克服写作的障碍和培养孩子自己使用语汇的能

力。

2. 词汇的河流

请先准备好一些纸笔，然后让孩子在桌前坐下。闭上眼，倾听那些在他(她)内心流过的思潮，注意这些思想呈现的方式，是一滴一滴的水珠(一个一个字)，还是一道道的小溪(支离不全的句子)，还是一股巨流(整篇的见解、道理)，或是什么其他的方式。经过二三分钟的内心倾听之后，拿起笔，仍然双目半闭，开始让他(她)将心灵之耳所听到的，全部依样写出来。如果孩子什么也没听到，那么就把他认为假如他(她)听得到，他(她)会听到些什么写下来，至少要写十五分钟。

做完这个练习，他(她)的纸上应该有一堆字了。每次当他(她)坐到桌前，准备写一首诗、一个故事、一封信，却无从写起时，都可以用这个办法。这种练习使他(她)对内心的声音感受较为敏锐，而这些内心的声音，能使他(她)心中浮现作家的声音更为明确。如果这个孩子将来写小说，这些声音也可以帮助他(她)设计小说中的人物对白。

对于有语言天赋的人而言，这种将一连串的思想意念以文字形式表达出来的做法，一直持续不断地在进行着。作家们通常是借各式各样的记录方法，来汲取这股暗藏的伏流。为了记下故事的构思，美籍犹太作家以撒·辛格无论到哪儿都带着一个小记事本。美国多产作家乔斯渥茨，以一种类似不断写信给自己的方式记日记。作家约瑟夫·海勒，在他的皮夹里放一小叠卡片，以便随时记事。杰克·伦敦是在床上写作的，他的办法是在房间内架上晾衣绳，然后把写有故事构思的卡片夹在这些晾衣绳上。作家兼喜剧演员史提夫·爱伦，是将几部录音机放置在家中各处，随时想到好点子时，就顺手录下。这些作家每人都想出一招，好将随时流过他们内心的文字之流取出加以运用。

你可以选择一本最适合孩子需要的笔记本，然后让他(她)将各种思想的片断不断地记录下来。(俄国心理学家列夫·高斯基曾说，我们可将思潮比喻为一片会飘降阵阵文字之雨的云彩)假如他(她)有些困难，不妨叫他(她)试试写作家娜坦丽·葛柏所提供的一些题目。她是《写到骨子里》一书

的作者,这些题目包括:

他平生第一次的记忆。

他所爱的人。

他所失去的人。

最恐怖的一次经历;

一次和宠物或大自然最亲近的感受。

一位教他的老师。

印象中的祖父或祖母。

第一次的冒险经验。

一次体能的大考验。

虽然作家们最善于潜入他们自己内心的世界,但是大部分作家也都透过耳目留意外在的环境,这外在的环境也是他们灵感的来源。因此作家们也会将一些客观的资料写进他们的记事本,譬如:

在阅读时读到的一些吸引人的字句或段落。

听别人谈论到的一些有趣的事情(包括特殊的方言)。

在看板、市招、广告上看到的一些新鲜的词句。

从广播、电视或电影中听到的一些引人注意的片断。

你为孩子准备的写作笔记本像是一口深锅,供他们煨炖一些新构想、新计划。它也像是一个育婴箱,为他们孕育诗篇、故事、理想和书本。就某方面而言,它是介于心灵和外在世界之间的一个中转站,它是一种将他们的内心感受传达到外界的实用工具。

下一个练习可以看出孩子爱书的程度。

3.阅读的境界

根据一项最近的盖洛普民意测验,美国人平均每天看158分钟的电视,听116分钟的广播,而只阅读23分钟的书。而且美国人所阅读的文学作品,通常都不是最上乘的。美国全国艺术基金会所做的一项研究指出,全国只有7%~12%的人在一年当中会看些较严肃的文学作品(海明威、乔伊斯、阿帕戴克、狄更斯等作家),而我们的情况更糟。

从这些数字中可以看出，当代的社会不太重视个人阅读，这比文盲的存在更具杀伤力。自公元1457年发明印刷术开始，书籍便以前人难以想象的方式，将知识传播给社会大众。书籍能将我们带到超出五宫感受范围之外的境域，对于这一点，海伦·凯勒描述得最为真切："文学是我的理想国，在这儿，我的权利没有被剥夺，没有任何感官障碍可以阻挡我与书籍之间甜美、优雅的对话，书本和我交谈时，毫无窘态，非常自在。"

书籍能改变生活——改变文明的根基。马丁·路德读了新约圣经中使徒保罗所写的罗马书之后，大为感动，于是着手改革天主教会。达尔文是在读了马尔萨斯的"人口论"之后，才发展出他的进化论。歌德的散文《破碎的大自然》，激发了弗洛伊德学医的心志。

4.探讨阅读技巧

请取出一张白纸，并在纸上划出四栏。在第一栏，列出你童年读过的重要书籍(包括别人读给你听的和你自己读的)。在第二栏，写下四五本在你一生中最具影响力的书——那些改变你对世界看法的书，或是那些改变你一生的书。在第三栏，写出那些你今日若不看，明日便会后悔未看的书籍。在最后一栏，列出你最近十二个月所看过的书籍。请一位朋友也做这个练习，然后和他(她)谈谈你的读书心得，并以这一练习为基点，想想该如何培养孩子的阅读习惯。

现代人当论及阅读技巧时，常常强调"速读"。因为现代人要应付过去数十年不曾有过的资讯重负，而想尽快、尽可能轻松地把阅读问题解决掉。研究指出，由于眼睛转动时所受到的神经肌肉限制，人类的眼睛每分钟至多只能读800—900个字。研究也指出，大部分读得快的人，当速度达到每分钟五六百字时，就只能一知半解，无法了解全部的内容。这和那些速读专家的说法，正好形成对比。他们号称，经过他们的训练，学生可以学会一分钟阅读几万字。事实上，速读专家所传授的，只是重点阅读关键字、标题的方法。作家兼教育家阿德勒称这种"检阅式"细读为一种以系统化的重点阅读来了解一本书的主旨的读法。他认为，99%的书根本不必详读，重点阅读就足以发挥阅读的功效了。

检阅式的重点阅读，与另一种方式的阅读大为不同。这另一种方式可能是更重要的阅读方式。这样的阅读方法，可以让阅读的人从容细读佳句，重点读最喜爱的片段，或慢慢咀嚼一些理念和意象的含义。就如作家威廉葛斯所说，这样的阅读，“每一页都是一片草原，我们就像一群饥饿的牛羊，在草原上徜徉，啮食青草”。不出声的唇读（一度曾被辅导阅读的老师视为禁忌）以及出声阅读，在这一种阅读方式中都非常重要。下面的练习，可以使孩子在阅读时，享受到一种自娱的快感。

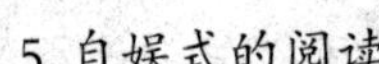

5.自娱式的阅读

选一本孩子自己以往最爱读的书，或是挑一本他们真正想好好读的书让他们边读边留意那些自己最喜爱的章节。一边阅读，一边默读或是朗读这些最喜爱的词句。如果他们对于某一段落不能完全领会，就鼓励他们再读一遍，必要时，也可叫他们翻回前几页，前后参照阅读，以便他们真正地理解。

阅读时，不妨让孩子发挥各方面的智慧：可以让他们想象书中描绘的景物，或让他们仿佛接触到书中形容的一些感觉，或听到一些声音、音乐，或揣摩书中人物的喜怒哀乐。阅读时，他们若想用色笔画出自己最喜欢的段落，尽管画吧！他们想花多少时间，就花多少时间！

自娱式的阅读，并无阅读以外的目的；他们所追求的，就是沉浸在阅读中——一种阅读自身的乐趣。对他们而言，一卷在手，悠然神往，真是世间至乐。青少年可以没有固定的阅读计划、阅读进度，完全是随心所欲、可行可止式的阅读。正如《美国心灵的封闭》一书的作者亚兰·布鲁所说：“人们毋须按照一套经典阅读系列索引去读书，我认为这类书单根本没有意义。最重要的是去找一本书，而且就顺着这本书阅读下去……”

运用语言的天分

语言的智慧，可能是在多种智慧理论所包含的七种智慧中最普遍的一种。虽然有名的演说家并不多见，但几乎每个人都要学习讲话。而无论在任何国家，大多数的民众也都能读会写。在美国，语言的智慧和数理逻辑的智慧一样，都是最受重视的智慧。词汇丰富的人，总是令人敬佩（类似

《词汇速成》、《三十日掌握词汇》这样的书得以畅销,就是明证)。对于那些能在大庭广众之前侃侃而谈、表达自如的人,例如典礼的主持人、独自担纲的脱口秀艺人、年长的政治人物、充满活力的企业领袖,人们都是佩服之至。我们将作家们(也许不尽然是好的)推崇为大明星;同样的,对博学大儒,我们也是敬畏有加。

在我们的社会中,智慧的最终判官——智力测验,也是大部分都需要通过语言的能力去测试。但是,比起那种在标准化的测验题上作答,那种非常简单的,有如鹦鹉学舌式的能力来,真正的语言智慧可要复杂多了。真正的语言智慧包含好几个项目,有语音、语法、语意和语言实用。

语言智慧高的人,对于语言的声音,也就是语音,感受性很强。他们常用双关语、绕口令,用字喜欢押韵或是用一些能够描绘其声的声音字,和其他一些能引起听觉反应的声音。譬如像詹姆士·乔伊斯,在他的两部精彩绝伦的小说《尤里西斯》和《芬尼根的觉醒》中,发明了许许多多跨越不同语言的双关语和非常传神、别具新意的爱尔兰文字。

有语言天赋的人也善于玩弄语言的结构,也就是玩弄语法。例如法国的小说家马塞尔·普鲁斯特,他可以把好几个子句串联起来——写成像段落一般长的句子,以达到让人眼花眎乱的效果。普鲁斯特的老师没有一位能及得上他,他们还常常批评这个孩子,说他写的句子文法都不通。这样的语言天才,或许也会成为一个语言学家——随时留意他自己或别人偶尔在口头讲话时犯的错,或行文时犯的错。

语言天才也会通过他们对语言含意的深刻领悟,也就是对语意的领悟,来展现他们在语言方面的天分。诗人罗威尔在哈佛大学的英诗习作课堂上,可以把上课时讨论到的任何字娓娓道出该字在英国文学史历来的篇章中,各家不同的用法。同样的,为《纽约时报》撰写每周专栏的威廉·塞佛艾,他是以研究英文中的新创词汇为业,在不断变迁演进的英文中所出现的那些新字和差别极其细微的字义,都是他研究的对象。

不过,语言天分中最重要的一部分,也许是能够使用语言,以达到实用目的的才智。例如赫伯阿姆斯壮劝服别人信教、琼李尔斯善于表演、艾萨

克·阿莫西讲解科学深入浅出、丘吉尔演讲激舞人心,或是克列伦斯达若在法庭据理力争、雄辩滔滔,这一类人都有实际运用语言的天分。虽然这样的语言本身并不绚丽,但是其目的却在于提升人类的生活,或以某种具体的方式改变人生。

增进语言智慧的方法

增进语言智慧的方法有以下24种:

(1)参加一个“读好书”的学习班。

(2)举办一些“益智问答”的聚会。

(3)玩文字游戏(例如颠倒拆拼游戏、拼字游戏、填字游戏)。

(4)参加读书会。

(5)参加写作班或上课外的写作课。

(6)参加名作家为读者签名的活动,或其他名作家的活动。

(7)用录音机录一段他自己的讲话,而后听这一段录音。

(8)鼓励孩子经常去图书馆及书店。

(9)给孩子订阅一份高水准的报纸及一份文艺杂志,并且经常阅读这些报纸杂志。

(10)每周阅读一本杂志,并且开始收藏书籍,成立个人图书馆。

(11)鼓励孩子参加演讲俱乐部。

(12)学习使用文字处理机。

(13)听名演说家、诗人、说书人和其他演说者的录音带(可向图书馆借这些录音带)。

(14)每天写日记,或是每天写250字,写下任何心中的感受。

(15)留意日常所听到的,由不同的人所用的不同口语(方言、俚语、词汇等)。

(16)定期让孩子与家人、朋友聚在一起讲故事。

(17)让孩子自己编一些笑话、谜语或双关语。

(18)参加速读训练班。

(19)背诵最喜爱的诗词或散文。

(20)租、借或买文学名著的录音带,每天上下学时在路上听,或是在其他时间收听。

(21)阅读时若遇到生字,标记起来,并且翻查字典。

(22)买一本同义字典、一本词典和一本研究文章风格的书给孩子,孩子会因你花了许多钱而感到有必要翻一翻,并让孩子在写作时经常参阅这些书。

(23)听一场评书,进而了解说书的艺术。

(24)要他每天在谈话时用一个生字。

感受空间的智慧

我们的社会仍然过度倚重语文和数理方面的智慧,但当我们迈进21世纪时,也许只有具有想象力及感受空间智慧的人,才能前瞻开创性的未来。

美国科学家路易·艾葛西斯是一个很注重细节的人。一天,有位新任的学生助理向他报到,艾葛西斯要他研究一种特殊品种的鱼。交代完工作之后,艾葛西斯便走出了实验室,这位助理想,大概过几分钟后他就会回来。经过半小时的观察,这个担任研究助理的学生认为他已经把这种鱼研究得差不多了,该了解的都了解了,可是艾葛西斯并未回来。几个小时过去了,还是未见艾葛西斯的踪影,在这段时间,这个学生对艾葛西斯这样的弃他而去,起先觉得无聊,继而感到很丧气,最后转为愤怒。为了打发时间,他就数算鱼鳞和鱼鳍,并且开始画鱼。这时,他发现了一些在最初观察时忽略的东西,比如,鱼并没有眼睑。终于,大师回来了,这位新助理总算松了口气。不过,艾葛西斯对这位年轻助理的观察报告并不满意,而让这位助理又看了两天鱼。许多年以后,这位助理已经在他的本专业中出人头地了,他回忆起所有的学习历程时,那三天受益最多。

这桩事可显现出一个人观察入微的能力。不经心的人会视若无睹,但观察力强的人却无所不见,明察秋毫。这就是豪尔·葛德纳所说的“感受空间的智慧”。具有这样的智慧,对视觉空间的感受力就很强,并且能将最初

的观察予以转化。这就是建筑师和喜马拉雅山区向导的智慧,也是发明家、机械技师、工程师和土地丈量员这类人的智慧。

不论是对“真实”世界或是想象中的空间感受性强的人,都能见到别人也许会忽略的事情。这些人不仅感受性强,而且能通过绘画、雕刻、建筑、创作等具体的做法,塑造他们所见到的事物,或是通过将主观的事物予以抽象转换的方式重现这些形象。本节将介绍各种不同的空间智慧,以及探讨如何帮助儿童增进这方面能力的方法,使他们能如艾葛西斯的学生一样,借着耐性和持之以恒的练习,提升自己感受空间的智慧。

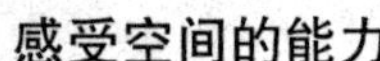

感受空间的能力

空间的智慧以直接的视觉感受为主。虽然失明的人也有感受空间的能力(即使是三岁的盲眼小童,也能领悟物体抛掷出去时的弧形轨道,以及理解地图),不过,大体而言,能够真正“目睹”外在的世界,还是感受空间的第一步,这种视觉敏锐度因人而异。有些人视力如鹰眼般敏锐,他们能看到的距离远超出人们想象。有一名德国学生,名叫维若尼卡赛德,他能看得见远在一英里之外的人或物。此外,有一位美国太空人,当他绕地球轨道飞行时,能在距离地面一百英里的上空辨认地面的房舍。这些人具有科学家所谓的超级敏锐的视力。

还有些感受空间力强的人,对于近距离的物体有异常的观察力。卡拉哈利沙漠的非洲土著人可由羚羊的足迹看出这只动物的体格大小、性别、长相和性情。爱斯基摩猎人在打猎时都仔细查看脚下冰雪的形状,因为万一看错了而踏上一片浮冰,可就会脱不了身。

在我们的生活中,由于有路标、地图,以及其他图文性的或数字性的资讯可以引导我们,使我们不致迷失方向,因此,感受空间的能力就比较不重要了。不过,如果我们太过于依赖语文和数理的智慧,则仍可能错失许多眼前的事物。

下面的练习能帮助他们获得观察的能力,否则这些能力从幼年时期到成年以后,都可能未得到发挥。

在户外找一处不易被干扰的地方:你家的后院、公园一角,或其他野外

的地点。让孩子在某一地点停留一小时,不做别的事,仅向四周观望。尽可能留意周围的环境,试试观看一些不明显的事物,看看“藏”在大自然内的景物。看他们能否学到卡拉哈利土著或是爱斯基摩猎人的明察秋毫。

然后.再试试极目四挈。不要盯着某一特定事物观看。而只是轻松地四处观望。注意四周的景物,看看孩子能否知道在他们背后是何景物。在同一地点,另选几个不同的时间来观看。当你花更多的时间让孩子观察周围的环境时,留意他们对空间的感受改变了多少。

培养艺术欣赏的能力

前述的观看经验,可以产生另一种在感知上更具美感的直接观察。这一种感受空间的智力,是室内设计师、建筑师、画家、雕刻家,或是艺评家所具备的,也是一流人才的素质构成。

这种视觉感受力对创作艺术作品非常重要,包括线条、形状、体积、空问、平衡、明暗、匀称、式样和颜色。艺术家对这些要素的感受都特别敏锐。例如,毕加索在一次访谈时娓娓叙述他对色彩的强烈感受:“我在枫丹白露的树林中散步,一下子便得了绿色消化不良症,我非得把这种感觉倾倒在一幅图画上不可。”

同样的,俄国画家卫斯理·康定斯基回忆第一次使用颜料时的感觉,他写道:“我那时十三四岁,以积存了好久、好不容易存得的一些零钱,买了一盒油画颜料。直到现在,我仍能看到这些颜料由软管中出来的情景。我的手指一挤,这些颜料就兴高采烈地、热热闹闹地,或是既正经又浪漫地,或是若有所思地出来了。这些叫做颜料的东西,有时是野性大发地,或是因得解脱而喟然叹息地、忧伤地、坚毅不拔地、柔顺隐忍地、顽强自制地、情绪不安地出来了。”

这位艺术家通过这样的绘画所展现出的自我,便是他留下的遗产。他期盼人们唤醒自己内心中类似这样的感受,使我们能从作品中真正体会到艺术家的创作情怀。英国艺术史学家肯尼斯·克拉克叙述他幼年在伦敦参观日本艺术展时,第一次与艺术作品心灵相通的感受:

“在画廊的尽头,是一小段阶梯,我们疲惫地登上楼,进入另一陈列室,

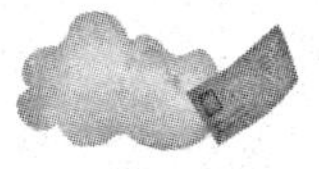

霎时，我满怀激动。室内两侧正展览着画屏，画中的花朵美得醉人，我不仅惊喜地愣住了，而且觉得自己置身于一个新世界。由形状和色彩之间的关系，我见到了一种新秩序，一种一切都各就各位的稳定状态。”

当我们听克拉克叙述，他在55年后到日本参观东京附近的一处寺庙时，竟认出了以前见过的这些画时，他的儿时经历就更显得非常神奇了。(这些画在他小时候——1910年期间曾运至伦敦展出)。美感敏锐的人，便能领会绘画艺术散发出的迷人神韵。

下面的练习，可帮助孩子培养艺术欣赏的能力以滋润他们的美好理想。

带孩子到附近的美术馆或私人画廊去(如果不方便的话，就找一本图片精美的艺术史的书，例如，简森中文版的《艺术史》，让这本书作为他们的行动画廊)参观，在美术馆内随处参观，直到他们遇见一件或一组在某方面吸引他们的作品(绘画、雕刻、拼贴画、组合物、摄影)。让他们体验到自己对作品的直接感受，而不要一开始就聚精会神地看细节，保持开放的胸怀，迎向令他们惊讶的一些意外，注意他们的视线落在何处，并且留意视线从作品的这一部分转移到另一部分的情形。当他们在观看作品时，什么最吸引他们的注意力?是色彩吗?空间的运用吗?构图吗?还是某种难以说明界定的事物?不要立即就想分析他们所见到的作品，且先留意他们的感觉，是喜爱?是厌恶?或是其他什么感觉?

在美术馆内的时间限制在一小时之内，然后，你可以根据他们的反应，了解他们的内心。过一两个月再回到美术馆去，再带他们去看看。

带他们到美术馆观赏艺术原作，可能会产生意想不到的效果。观赏绘画、雕刻或建筑的古典名作，据说会使某些敏感的人心跳加速、情绪起伏、感觉晕眩，甚至产生幻觉。这种反应称作“史丹道尔征候群”，因为一位名叫史丹道尔的19世纪法国作家，曾经将他看到佛罗伦萨的壁画时，自己无法抑制的激动心情记载下来。虽然这种情况比较罕见，不过，由此也可看出艺术对人类心理所产生的巨大冲击力。

一般而言，美术馆之行所带给孩子的体验，可能只是唤醒他们的视觉，

以及加深他们的美感，但无论怎样都可以激发他们心灵的力量。

开发儿童绘画的潜能

仅是欣赏别人的艺术作品，仍还不够，即使我们虽不打算让孩子成为艺术家。因为，大多数的孩子会觉得自己画得不像而心灰意冷，8~9岁之后，就不再画画了。根据《以右脑作画》的作者贝蒂·爱德华的说法，成年人画画，若还处于画人形的层次，是因为他们想画出想象中的人的形象（两支手臂、两条腿、一个头等），而不是在画眼前实际所看到的东西。学画可以让青少年学会用脑看问题，使其据有“生发”能力。爱德华还利用一些循序渐进的练习，指导有潜力的画家，发挥他们的空间感，使他们能画得更精准。下面的方法便是取材自她的练习，帮助儿童开发潜能。

从报纸杂志中找一张以线条及墨水绘成的有两个人物的卡通画，将这张画倒置，然后在另一张纸上，让他们将眼前所见的全部画出来。他们可以在这张卡通画上任选择一点开始照着画，完全按他们见到的在纸上依样画出来。画的时候，让他们注意线条、角度、形状、连结处，以及其他全凭视觉感受的特点，而不要专注于画中观念性的内容。在画完之前，不要把卡通画放正，也许，有时你会觉得只是在画一些毫无关联的线条或角度。画成之后，将卡通画和他们的画都放正，并作比较，看看他们模仿的画有多精确。

爱德华建议运用一种与前述方法类似的，直接诉诸视觉感受的方法，去画一些家用器物，风景、人像或其他立体的物体。她说：“我们必须训练自己撇开概念性，象征性的事物，而放眼看看真正在我们眼前的事物。”为了在这方面自我训练，她建议那些以绘画为业，认真执著的画家们，必须注意构成一个物体的各个要素，以及这些要素彼此之间的关系，并且注意物体四周的留白。有时可练习只用一眼观看，使物体看来是平面的。这样做的目的，是使你的孩子转换成一种以右脑为主的视觉感受（感受空间的智慧大部分是靠右脑）。以这种她所谓的“右的方式”观看事物时，这种观看是直接的、完全的、自动的，而且是立即的。虽然爱德华的方法，只是许多绘画方法中的一种，不过，它的确使许多人能比较实际地绘画，使他们在这

方面的能力大增。在本节稍后，我们会看到另一种完全不同的绘画方法，这种方法能使人们将脑中在无意识状态下产生的一些形象，具体描绘出来帮助孩子自己去发现自然的魅力.

使他们更聪明

虽然感受空间的智慧，是始终观看我们能见到的外在世界，但是真正令我们对空间的智慧折服的，却是因为这种智慧能将我们对外在事物的视觉感受，转化成脑中想象的图画。科学家至今仍对我们这种产生主观视觉形象的能力不甚了解。可是，这却是我们为什么能够创造、记忆并处理资讯的主要原因。

科学家称这种形象中最清晰的一种为“影像式”形象，这些形象几乎像照片一样清晰。具有这种能力的人声称，他在看到图像之后，便可将双目所视的图像在脑中形成想象的图像。然后，即使闭上双眼，他们仍可将图像中初次未看到的其他细节，在他们想象的图像中搜寻出来。有人在一次实验中，首先让一个具有这种能力的小女孩看一张立体图像的左半部，而光凭这左半部的图像，并不足以产生立体的幻觉。第二天再让她看这图像的右半部，而这小女孩借着回忆前一日所见的留在脑中的图像，就能把左右两半合起来，产生立体感。

从具有这种能力、能见到“影像式”形象的人的叙述中，我们可看出，这种智慧在帮助儿童解决与记忆有关的问题时，或是帮助他们理解疑难问题时，是多么神奇。有位男士说道，当他还是年轻学生时，这种能力曾如何帮助了他：“我那时15岁，有一次考试时，我在脑中将化学课本打开，一页一页地翻找，然后将硝酸的分子式‘抄’在答卷上。”帕斯拉能凭他的想象力看到一件新发明的创造过程。有一位旁观者在回忆帕斯拉的这种能力时说道：“帕斯拉能透视一部机器的每一项细微零件，他的这种透视，比任何设计蓝图还要真切。”帕斯拉的同事说，他对机器的透视力，可以达到0.01%英寸的精密度，并且可以使这些尚在设计创制中的机械，在他脑中运转达数周之久。在运转过这样一段时间后，他再彻底检查这些机械，看看有无磨损。”

一般正常人是没有这种透视力的。根据研究显示，这种“影像式”的透

视力，在青春期之后就较为罕见，虽然儿童常具有这种能力。英国神经生理学家葛瑞华德说，在一般人群之中，约有六分之一的人具有这种能力，另有六分之一的人，除非必要，否则他们是不通过想象图像来思考的。剩下的三分之二人，

若有需要时，可在脑中形成想象的图像。

下面的练习可以告诉你，你的孩子在这方面是哪一类的人。

(1)想象中的风景卡片。

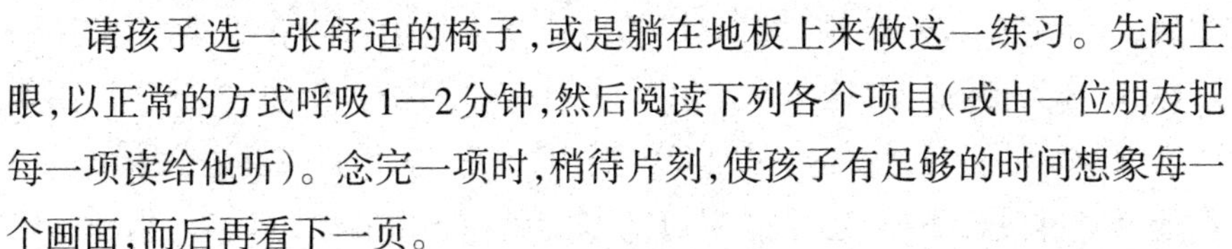

请孩子选一张舒适的椅子，或是躺在地板上来做这一练习。先闭上眼，以正常的方式呼吸1—2分钟，然后阅读下列各个项目(或由一位朋友把每一项读给他听)。念完一项时，稍待片刻，使孩子有足够的时间想象每一个画面，而后再看下一页。

他(她)的卧室。

一把剪刀。

一只有棕红色斑点的黄色河马，穿着一条粉红色的短裙。

他(她)的妈妈在天花板上。

一个大都市中，高耸在空中的建筑物轮廓。

湖底或海底。

一张爱因斯坦的照片。

一幅世界地图；

他(她)未来的样子。

一个绿色的方形、红色的圆形和蓝色的三角形；

用0到6的指标数，将每一项想象的景像给予评分(0-毫无想象；1-景像非常模糊；2-模糊的景像；3-景像尚清晰；4-清晰的景像；5-非常清晰的景像；6-清晰如真)。

虽然他们觉得有些景象似乎很难想象，不过他们仍不失为一个有想象力的人。有些人在想象自己所设计的景象时，想象力就较佳。根据耶鲁大学心理学教授哲若姆辛格的研究，几乎每一个人都会做白日梦。这些白日梦可以帮助我们对抗外来的压力，或是探究未来可能发生的事物，或者只

是打发时间。有人做过一项实验，是让一些在工作时不用动脑筋、只要数清产品个数的人，在工作时偷偷做个白日梦，结果这些人工作时不但不会昏昏欲睡，反而效率大增。

下面的练习，是让孩子有个做白日梦的机会拥有一个自动的“安全阀”。

(2)做做白日梦。

让孩子闭上双眼，心思四处漫游，此时注意心灵中掠过的任何景象，留意自己的幻想。当他(她)做白日梦时，注意这些景象的清晰度，用前述的指标数，你为他(她)对这些景象给予评分，当他(她)在幻想时，还会运用哪些其他(她)的智慧(例如身手灵巧方面的、音乐方面的，或是语言方面的)?在他(她)继续往下阅读之前，尽可随意大做一番白日梦。往后，当他(她)在学习当中或利用休闲时段做白日梦时，不妨多多留意。

有些人是在思考一些具体的事物时，想象力较佳。修车技工经常是在修理汽车引擎时较富想象力。外科医生在缝合断裂的大动脉时，便会运用他(她)的想象力。

下面的练习，可以使他(她)对周边的日常事物施展自己的想象力。

施展孩子的想象力

想象力可产生许多深远的影响，例如它可刺激创造的潜力和培养较高层次的思考。根据哈佛大学艺术心理学的荣誉教授鲁道夫·阿恩杭的说法，几乎所有的思考——即使是非常理论的、抽象的思考，就本质而言，都需通过想象。他(她)以19世纪的心理学家狄德千勒的思考过程为例，说明这一现象。这位心理学家据称曾透过想象看到“意义”这一观念，他看到的景象是“蓝灰色的杓尖，杓尖的上方有一点点黄色(也许是把柄的部分)，而这把杓子正朝一团深色、看起来有点像是塑胶的东西往下挖掘。”

一些杰出思想家的想象力可能更为实际些，他们凭借想象创造了伟大的成就。对20世纪思潮影响最大的三位思想家——爱因斯坦、达尔文和弗洛伊德，他们全都是凭想象力发展出他们的革命性理论。从达尔文的笔记中可看出，树的意象一直在他心中挥之不去。这一意象，对于他的进化论

观念的形成似乎很重要。在一本笔记中(笔记的旁边他画了一棵树)达尔文写道:“有器官组织的生物,就如同一棵树,它们的繁衍是不规则的……当许多枯叶凋零时,许多新叶也随之而生。”同样的,爱因斯坦的相对论最初的灵感,有一部分是来自当他16岁时,想象自己骑乘在一道光线上的情景。而弗洛伊德人格理论的形成,也有一部分是他童年想象的结果,他看到的意象是和性梦有关的一座从海中浮升上来的岛屿——象征自我与无意识之间的关系。

这些意象代表“心理地图”,这些地图,有很长一段时间在引导着这几位天才的思想进展。心理学家格鲁作称这些想象中的图像为“大范围的意象”,他说,大思想家在一生当中,可能有四或五个这种意象。一个有想象力的人若认真地幻想一小时,可以产生大约六百个具体的意象,但我们一般人在脑中形成的心理地图范围都非常的狭窄,而这些小范围的意象对我们个人而言也十分重要,这些意象可以告诉我们如何在世上生活而不致无所适从。例如,我们该如何从家中走到工作的地点;当水管坏了,需要修理时,该转开哪一个旋钮;如何下象棋或西洋棋这一类游戏。青少年时期的想象力是智慧之源。

人们脑中的意象多半非常简略,就像中古时期的地图中所画的,是埋伏在已知世界边缘的龙群。美国画家史坦贝格有一幅名画,他画出了纽约人心中的世界,这张画是以纽约的曼哈顿为主体而世界的其他地区只是零星地散布在画面上。从这张画可以看出,人们的想象大都是以自我为中心的一种看法。

下面的练习可以使你省察孩子的心理地图,即使有些想象是自觉的。

请就下列每一项目各画一张草图,不要在意画得是否工整,但请尽量画得详细(在他(她)画完之前,不要让他(她)找其他的事物作参考):

一张你家附近的地图(三条街以内的范围)。

一张你家的平面图。

一张象征家庭概念的图画。

一张人体内部。

一张世界地图。

一张洗衣机内部构造图。

画完之后,你可以将他(她)的想象与事实对照;将他(她)的这些画和市区图、地球仪、工程蓝图、解剖图、《透过想象思考》一书中别人所画的"民主图",以及附有机器内部图解的书籍,互相对照之后,你可从他(她)的图画中看出他(她)对世界的认知有多少?他(她)的想象力如何?你也可以找几个孩子做这些练习,然后将彼此的画做一比较。

儿童的心灵导图

在前述练习中孩子所画的图画,基本上就是他(她)心中对事物的想象所勾勒出的几笔速写。许多有创意的思想家,譬如达·芬奇、爱迪生和福特,他们都将想象的事物记入速写簿中。达·芬奇速写簿中的"草图",现在已是公认的艺术作品,这些"草图"只是他(她)在设计或发明时,借以解决一些想象性问题的工具。

前斯坦福大学设计学教授罗勃·麦金恩,建议那些希望自己富有想象思考力的人:要将他们的想象思考记入某种形式的速写日记或思考概念日记中。在谈那些有高度想象智慧的人如何记录下他们的思考时,这位教授建议道:"用图像去探索观念和建立观念的思想家会画许多图画,因为观念的探究和形成并非静态的、'一张图画式'的过程。同时,他们画的速度也很快(观念经常在改变,很容易就会变形,甚至消失),这种训练越早越好。在探索和确立的过程中,这些借图像思考的人也会运用'多样图像式的惯用语'。"麦金恩认为在图画笔记簿中可采用下列这些图像:图表、图解、流程图、图像、字形投影、卡通画、表谱、地图、随手涂鸦、设计图和相片。这种笔记可记在正规的日记本内,也可以用活页笔记簿,或使用索引卡片,甚至为了刺激思考而用一长卷包装纸。

透过图像思考的人,也应该考虑利用立体图像思考。生化学家詹姆士·华生和法兰西斯·克利克,两人利用一具大型的立体模型帮助思考,而发现了去氧核糖核酸分子的双螺旋结构,他们的发现震惊了全世界,二人因此而荣获1962年的诺贝尔奖。通用汽车公司和太空总署的设计专家们,

经常使用厚纸板精心制作汽车和太空舱的实体模型，这种做法为他们节省了好几百万美元的研究费用。你也可以在家中自制孩子的空间思考实验室，你可利用一些便宜的材料，例如泡沫塑料之类的东西，让它们做实体模型或是迷你模型，用吸管、回纹针等做几何图形，再加上一盒零星杂物（绳子、透明胶纸、木块、牙签、黏土、铁丝、碎木片、橡皮筋、锡箔、碎纸等）。此外，现代科技也对空间思考大有助益。电脑为儿童提供了各式各样的工具，譬如电脑上的设计、绘画软件和互动式影像，以及传统的泥人组合。

虽然现在已有各种辅助视觉空间思考的高科技产品问世，但是我们的社会对于新产品的研发，仍旧过度倚重语文和数理的智慧。达拉威尔大学的历史学教授尤金·费固森指出，大学中的工科课程愈来愈注重数字和分析，而忽略了培养学生的想象力。结果，他说："我们可以预料，现在这些先进的科技产品，一定会出现愈来愈多荒谬可笑，而且容易导致损失惨重的毛病。"太空船的意外事故，就是不重视空间思考的一个例子。很显然地，"挑战者号"的形环，因为设计不良，无法在寒冷的气候中保持弹性，因而使得燃料外泄导致飞船爆炸，酿成悲剧。这一问题曾经被有想象力的工程人员发现，但却被那些无法想象这一问题将会导致严重后果以及只偏重数理分析和政治权术的主管们否决了。

如果你想让孩子成为有想象力的人，也许你已体会到这种社会文化性的偏见。你可能感到学校教育不能让孩子起劲，因为老师们不重视孩子在这方面的才能。孩子们很少有机会向人诉说脑中的意象，或将他们想象中的意念画出来。做白日梦的人，通常都被当做是懒惰的学生，或是精神涣散、注意力不集中的学生。可是，21世纪也许就是这些做白日梦的孩子和其他想象力丰富的思想家会开创崭新的未来。

增进空间智慧的方法

增进空间智慧的方法有以下24种：

（1）让孩子玩"图画字典"，立体"拼字游戏"或是其他想象思考性的游戏。

(2)让孩子玩拼图、魔术方块、迷宫或其他需用想象力的玩具。

(3)买一个想象软件程序,让孩子在电脑上自创一些设计、图画和形象。

(4)让孩子学习摄影,并且用照相机将他的视觉印象记录下来。

(5)买一部摄影机,让孩子拍摄制作一些可供观赏的录影带。

(6)让孩子留意观察电影和电视演出的灯光、镜头、色彩的运用和其他电影制作的要素。

(7)将孩子的小卧室内部重新布置,或在室外做庭园造景。

(8)帮孩子收集杂志、报纸上最喜爱的图片,成立一个"图片图书馆"。

(9)帮孩子学习在野外活动时辨识方向的各种技能。

(10)学习几何。

(11)选一门绘画课、雕塑课、油画课、摄影课、图像设计课,或是其他视觉艺术课。

(12)将孩子的创意构思做成立体模型。

(13)练习使用流程图、表谱、图解以及其他各种视觉化的表达方式。

(14)买一本图解字典,并研究一些日常机械用品的运作原理。

(15)用布蒙住孩子的眼睛,然后由你引导,在孩子的屋中或院内探测孩子四周的空间。

(16)练习从天上的云彩、墙上的裂缝以及在其他天然的或人工的景象中寻找一些图像。

(17)帮孩子建立一套记事用的视觉符号(例如箭头、圆圈、星号、螺旋形、颜色代码、图画以及其他各种视觉标示)。

(18)带孩子拜访一位机械工程师或建筑师、艺术家、设计家,看看他们在工作时如何运用感受空间的能力给孩子"镀金"。

(19)花些时间带他与家人、朋友从事一些艺术创作活动。

(20)让孩子研读所居住的省、市地图,你家的平面图,或是其他通过视觉表达的事物。

(21)用玩具、D棒、六角曲片、积木等玩具或其他立体式的搭建材料,搭

建一些模型。

(22)探究视觉错觉(例如,阅读猜谜的书籍,到科学馆参观或是玩一些视觉错觉的玩具,等等)。

(23)对于孩子感兴趣、想要动手做的事情,租、借或是购买一些“如何动手自己做”的录影带。

(24)让孩子在写信、写执行计划或是做简报时,运用一些图画、相片以及图表。

动作灵敏的智慧

在古代,人们认为身体和心灵是合二为一的。希腊人重视体操,将之视为锻炼心智的重要方法。其实,有意义的体能活动,其本身即是一种智慧。

在詹姆士·乔伊斯的经典短篇故事集——《都柏林人》之中,有个名叫达飞的角色,他是一个遁世型的银行出纳员,住在都柏林的郊区,与一家制酒厂为邻。对这一角色,书中有段精彩的描绘。故事里提及达飞遇到一位女子,他和她关系甚密,并陷入一段精神热恋,后来因为她以手紧贴他的脸颊,他便与她断绝往来。乔伊斯在描述达飞的这一段时,加入了一行相当古怪的文字:“他并未与自己的身体生活在一起。”乔伊斯的意思是说,这人身陷精神的囹圄,已与感官的世界完全失去了联系。从更广义的角度而言,乔伊斯笔下的这一角色,可说是现代人心灵的写照,充分反映了现代社会中智力与体能分裂的情形。

罗马人留下一句名言:“有健全的身体,才有健全的头脑。”印度人运用瑜伽术,中国人打太极拳这些体能活动促进身体的发展,已有数千年之久。但是在我们的文化中,中古时期的基督徒却以抑制肉体的欲望作为追求精神的手段。而18世纪启蒙运动后期的思想家则完全漠视身体,仅以心智作为个人寻根究源的对象。就如法国哲学家笛卡尔所说的:“我思,故我在。”

通过他的宣言,笛卡尔使我们全都成了达飞先生了。智力活动几乎完全等于数理逻辑和语言的能力,而体能活动则被贬至较低级的层次,而且

只能在卧室、造船厂和运动场内从事这些活动。即使在今日，当许多人在重新发扬、体验一种身强体健的生活时，人们还是多半将锻炼身体与一些健身器材，节食计划和回力球场联想在一起，而很少有人认为锻炼身体与心智有关系。运动员常被视为呆头鹅，而以手操作的行业，与人文、科学的“高级”世界相比，就被列为次等了。

多种智慧理论的目的，即在缝合这一道划分身体与心智的鸿沟，此一理论认为，有意义的体能活动，其本身即是一种智慧。动作灵敏的智慧包括两种主要的能力：一是善于以技巧控制自身的动作(运动员、舞蹈家、滑稽哑剧演员、戏剧演员等一类人的智慧)；二是善于以技巧控制自身以外的物体(雕塑家、家具制作工、水管装修工和裁缝等一类人的智慧)。

本节将详述动作灵敏的智慧，并探讨儿童开发此种智慧的各种方法，使你在研读本节之后，不仅使孩子身手更为敏捷，而且头脑也更为灵活。

有氧运动之外

你的孩子能不能快速摆动双耳?大多数的人也许从未想过这样的事。他(她)会不会侧身翻跟斗?大多数的人大概都不曾让孩子一试。如果他们还算是会做运动的话，通常都是做些更“重要”的运动，例如，慢跑或跳舞之类的运动。而做这些运动，对许多儿童而言实在没有多大意义，只是浪费时间罢了。然而，学做一些摆耳朵、翻跟斗之类的动作，反而可能要比一分钟做几个仰卧起坐，伏地挺身，更让他(她)了解自己在控制身体运动方面的能力。健身专家说，做好体能活动的要素包括：体力、耐力、弹性、平衡能力、手脚灵巧、表达能力、协调能力和良好的反射动作。在这些要素中，我们通常只注意到了前两项。

中国人以外的其他各民族，十分注重其余各项的发展。日本人在茶道和合气道方面的训练，非常注重姿态平和与气度优雅：吝里岛的儿童要经常训练活动自己的手指关节，保持手指的屈伸自如与灵巧。才能参加表演他们那繁复的民族舞蹈。在新几内亚，五六岁的小孩就要学习如何在各种状况下操作独木舟，学习如何平衡、如何转向、如何前进的各种技巧。下面的练习可以让你帮孩子尝试一下如何做这些动作，并可测试，看看他(她)

的身手是否灵巧。做下列动作所需的各项体能技巧,都写在句尾的括号内。

如鹤般地单脚站立,闭上双眼。你看他能保持这样站立多久?(平衡能力)

把揉成一团的废纸,投入十尺外的一个废纸篓中。你可以同意他(她)拉长或缩短距离,以改变动作的难度。(协调能力)

用脚趾夹铅笔写他(她)的名字,看看他(她)是右脚型的人还是左脚型的人。(手脚灵巧)

伸手挠背,看看他(她)的手指是否能挠到背部的每一处。(弹性)

侧身翻个跟斗。(协调能力)

用一叠扑克牌搭建一座五层的小楼房。(手脚灵巧)

让他(她)沿着人行道的边石从一个街口走到下一个街口。(平衡能力)

用镊子将一百粒米从一个碗中尽快夹到另一个碗里。(手脚灵巧)

用扑克牌玩"掌拍老K"的游戏(玩牌的人大家轮流掀牌,掀开的牌要放到中央——当掀出老K时,大家就伸手抢拍,谁先拍到,谁就得到中央的这叠牌)。(反射动作)

找一个和他(她)身材相当的人,两人伸出手臂较劲,看谁的臂力大。(体力)

只准用身体动作,试着表达"平等"这个概念。(表达能力)

选个周末,背上背包出门远足,每天至少行走五公里(身体有问题的人,应先征得医生同意再做)。(耐力)

如果你发现他(她)有些动作做不出来,不要发愁,多练习就熟能生巧(请参看本节最后25种使你动作灵敏的方法)。本节其余的部分,将研究如何使你认识他(她)的身体,并运用它作为探讨的工具,进而借着这样的认知来增进他(她)的智力。

身体的智慧

对某些人而言,他们似乎可以透过身体去认识,了解事物。许多人常说,他们在考试时,对某一答案会产生一种"内在的感应",或是对某人、某

地某一想法、某一事物“在骨子里”会有一种感觉。英国诗人郝思曼曾经提及，当他脑中有某种创意时，他的身体就会表现出某种征候。他写道：

“有天早晨，当我在修脸时，我从过去的经验中得知，我得注意我的思想。因为当我脑中闪过一行诗句时，我会毛发倒竖，连剃刀都不管用。此外，脊背也会打一股冷战，喉头干紧，眼眶湿润。另外还有一种征群，我只能借诗人济慈在离世前所写的书信中的几句来描写。他在提及芳妮·布朗时写道：‘每件使我想到她的事物，都如一根矛般，穿透我。’这种感觉就在心窝里。”

对于以身体动作接收资讯的人，艺术教育家罗文·费尔德称之为“触摸型”的人。他说：“触摸型的人是借肌肉的感觉，身体动作的体验，接触的印象，以及自我的一切生活经验，去建立他与外界的关系。”根据这位专家的研究，在所有人口中，约有四分之一的儿童倾向于触摸类型(相对于透过视觉空间认知的人)，其余四分之三的儿童，似乎也至少有一些身体动作的感应。下面的练习，可以帮助你认识与利用这一重要的资讯来源，以便帮助孩子解决生活中的难题及做出一些决定。

现在让你的孩子集中精神，思考一个他(她)目前最想解决的个人问题，或是学习上的难题。先将问题写在一张纸的上方(写得愈清楚愈好)，然后将所有可能的解决办法都罗列出来。做完之后，暂时将纸放在一旁，并且让他(她)全神贯注在自己的身体上。先感觉一下自己的身体与地板或座椅之间的关联，再感觉一下他(她)的皮肤与衣服间的接触。注意是否有任何肌肉呈现紧张的状态，或身上有其他的感觉。然后，将注意力移转到纸上的解答，逐一审阅。每一项看完时，稍停片刻，注意身体的反应，特别注意胃部、腹部、颈部、肩部或胸部的肌肉有无放松或绷紧的现象，因为这些反应可以使他(她)大略知道某一解答是“对”或是“错”。此外，也要留意身上的其他反应，例如皮肤有无刺痛或灼烧的感觉、毛发倒竖、肌肉抽搐，或是身体疼痛，或是身体的某些部位有温热的感觉。把那些引起最负面反应的解答删掉，而将那些引起最正面的身体反应或“内在感觉”的解答圈出来。

虽然以上这些练习，对于解决学习问题不尽然是完全有效的方法，但是，却可以使他(她)初次接触到身体内部产生感应的这种经验(譬如，源自肌肉或肌腱的一些感觉)，而你从未想过这些感觉竟然能帮助他(她)思考。你的孩子在考试时，也可考虑利用这种“身体感知”(选择他“觉得”正确的答案)。他(她)在阅读时，这种感觉也可派上用场(注意在他体内对某些观念、特性或词汇所产生的感应)。这种感觉可以在考试时或阅读时帮助他(她)，掌握新知识，并且在许多其他日常生活上也有所助益。即使是在选择朋友或是合作伙伴时，别人也会告诉他(她)，少和那些看着不顺眼的人来往。

完美的姿态

我们已经知道，身体能够表达蕴藏在内心的事物，然而相反的情况也能成立：身体的细微变化，对精神思想会产生巨大的影响。法国作家普鲁斯特在他的代表作《追忆似水年华》中，便运用了他那些非常发达的接触感觉，去探究身体对心智的影响。他说，有一天，当他在朋友家的庭院里散步，脚下踩着大卵石铺成的地面时，他身上有种说不出的熟悉感。沉思一阵子之后，他终于想出这种感觉究竟从何而生。原来，许多年前当他到意大利去旅行时，曾经在那里体验过这种不平的路面。这一经历的记忆，就深藏在他身体的某处，只要这种特定的姿态出现时，这一记忆便会在心头浮现。普鲁斯特内心记忆的显现，强调身体姿态对思想的重要性。许多非西方的民族，早在数千年前就已知道这种身心的关联现象。例如，在印度，不同的瑜伽体态，据说能使练习的人产生不同的思想意识。在过去，西方人所用的“摆姿态”这个词，是指表态，指借身体的表达，显现出一个人的心态。

最近，教育家发现，姿态对于小学生的课业成绩似乎也很重要，姿态可以决定他们成绩的好坏。当教育家盖尔伯在英国教书时，他注意到，那些在解数学难题或是阅读较难课文的学生，都是紧绷着身子、手脚不得伸展地在做功课、找解答。当盖尔伯让这些学生了解到他们的坐姿不良，并且指导他们如何舒展姿势、调整呼吸之后，答案似乎立即就会出现。有些科

学家认为，不良的姿态会妨碍携带氧气的血液流向脑部，而无论是坐着、站立或行走，都要保持抬头挺胸的姿势，这样会使头脑清醒，增进改善我们整个人的认知功能。下面的练习，可使帮助你的孩子提高警觉，改正那些会影响他(她)思考的不良姿势。

当你现在读这本书的时候，就开始注意他(她)的姿态。他(她)的背脊是挺直的还是弯曲的?他(她)的头部是否与身体的其他部分成一直线?他(她)的双臂、双腿、头部、脸部、胃、大腿，或其他部位是否觉得紧张?他(她)的呼吸是否顺畅?在你决定挪动他(她)的身体之前，先注意他(她)现在的姿态，然后在想清楚、下定决心之后，再改变他(她)的姿态，使他(她)的身、颈、头维持一直线，而整个人就能舒展自如、气定神闲。在他(她)调整姿态后，注意他(她)的身体会有何种不同的感觉，呼吸会有何种改变。并且注意，他(她)的阅读速度、阅读理解以及整个的思考过程是否有所改变。

奔放的思想

身体的动作对思考似乎也很重要，思考的内容可因此提升。有许多思想家都说，散步或跑步都可提升他们的认知能力。发明家爱德文·兰德是在散步时想到了新主意，而这一念头，使他后来发明了拍立得相机。柴可夫斯基每天散步时都带着一支铅笔和作曲纸，他说散步为他的音乐创作提供了许多灵感。文学家汤玛斯曼写道："我大部分的创作，都是在散步时构思的……我认为，在户外走动，是使我恢复体力、继续工作的最佳方式。"这些现象在青少年身上同样能看到，他们这时思想最开放也最活跃。

近十年之中，愈来愈多的文献指出，慢跑、散步、舞蹈，以及其他形式的身体动作，可促进许多心智方面的功能，而这些名人轶事正可支持这种说法。美国盐湖城荣民医疗中心研究人员报道，在四个月内，每周散步三次，每次走一小时的那些老年人，要比那些不活动，或是不做有氧运动的人，在身体反应、视力及记忆等方面都更为良好。另一项由奥勒冈卫生中心所做的研究指出，在接受测试的两百名慢跑者当中，约有60%的人说，慢跑可使他们毫不费劲地产生一些独特而且是自发性的念头。事实上，这些人之中有许多人会在更衣室的小柜内放些纸笔，以便每次跑完之后就可记下他们

的想法。下面的练习,可帮助你的孩子记取他(她)那“一路奔放”的思绪。

当孩子外出散步或慢跑时,不妨让他(她)带着一台手提录音机。(如果他(她)未满五岁,而且健康有些问题,则一定要按医师的指示做运动。)让他(她)走动时,尽量放松心情,让思绪随意驰骋,让感官享受户外的愉悦气息。当意念浮上心头时,就对着录音机说出自己的想法(要他(她)不要跑得太快,免得因为上气不接下气而讲不清楚)。运动完了之后,听听自己的录音,将想要记住的想法以及还想继续发挥的念头,都写下来(或画出来)。

注意,切勿过度使用这一做法。一般正常的慢跑或散步就已足够让他(她)摆脱日常的难题了。当他(她)边运动边录音时,可能无意中会使他(她)太专注于身体上的一些问题,因此,你最好让他(她)一星期做一次这样的练习就可以了,或是当他(她)平时运动过后,再用录音机或纸笔记下他(她)的想法。

你也可考虑采用一些其他方式的动作,来“运动”他(她)的头脑。有一个学生,一天正在想一位同学的名字,却苦思不得,而当他(她)伸手取…本书,书中他(她)知道夹有同学的相片时,忽然就记起了同学的名字。那就像是走向书架、伸手取书这一串动作,刺激了他(她)的脑神经,使他(她)的记忆发动起来。我们认为,如果他(她)思考受阻或是遇上了一些难题,做某些动作——坐在有扶手的摇椅里摇两下、放一段音乐舞动一下、练练瑜伽,就能使思路重新又畅通起来。下次,当他(她)思考不顺畅时,教他(她)试试做一些动作,看看做了之后是否能打通思路。

心理肌肉

根据瑞士儿童心理学家皮亚杰的说法,在两岁以前,几乎所有的思考都须通过身体。皮亚杰称这一时期为认知能力发展过程中的“感官发动”期,一个婴儿是通过抓握、挤捏、爬行、挥动、蹦跳、转圈、搓捻和以舌品尝等日常举动,而逐渐了解外部的世界的。当这个幼儿慢慢地成长,更能控制自己的身体,并且与外界接触更多时,身体动作就会成为心理的一部分。一个年龄较大的幼儿,无须实际地做动作,便可想象小口品尝甜饼干的滋味,或是用手轻轻抚摸小狗的感觉,或是想象以手堆沙建造一座城堡这类

的事。身体动作会潜入我们的内心，并在心中继续滋长兴旺，构成我们心智非常重要的一部分，这种内化的过程，甚至可在最抽象的层次进行。

从世界第一流的思想家身上，我们便可看出，这种经由身体动作所引发的想象，在他们的思考过程中是何等重要。当别人向爱因斯坦请教解决思考难题的方法时，他回答说："无论是书写的文字或是口说的语言，在我的思维过程中都不重要。构成我的思想要素的那些心理实体，是一些符号以及一些还算清晰的想象……上述这些要素，在我而言，是视觉方面的，以及一些'肌肉性'的。"爱因斯坦在青少年时期，曾经想象他自己骑在一束光线的末端，他的这种幻想，即是身体动作型思考的一个例子。这一高速的、令他心神震颤紧张刺激的骑乘体验，使他在身体内脏的层次上，感受到时间与空间呈现出相对性的状态。

另一些当代著名的思想家也会利用身体动作的意象，解决一些专业上的难题。数学家亨利·柏可瑞曾写下一段他如何绞尽脑汁地解决一个数学难题的过程：

"每天我坐在工作桌前1~2两个小时，试尽了各种组合方式，却都徒劳无功。有天晚上，我破例地喝了一杯黑浓的咖啡，结果无法入睡。脑子里却涌出许许多多的念头，我感觉得出，它们一直在彼此碰撞，直到这些念头——大概可以这么说，直到它们双双锁定，形成一种稳定的结合为止。第二天早晨我便确立了一组由高级几何系列运算导出的传氏函数，我只要把结果写出即可，那不过是几小时的事。"

同样的，美国俄裔作曲家史特拉汶斯基曾梦见一场祭典，其中"有一个少女，被族人选出作为牺牲的祭品，她在仪式中不断地跳舞，直到力竭死去为止。"这一梦境，使史特拉汶斯基创作出一首著名的乐曲《春之祭》。对于这些思想家，意象都是以身体动作的形式出现的，包括许多行动、表演和动作。

意象也可能是"接触式"的。美国心理学家威廉·詹姆士，提 及他曾以"心理手指"触摸字母的外缘。这样的经验，可以说明世上有某种"动作的身体"，这种"身体"可以与我们真实的身体相互贯穿。这种"身体"的构成

分子是那些在皮肤、肌肉、肌腱或其他部位的体内感觉所形成的意象或幻影。例如，我们常听说那些断臂或断腿的人，残肢仍有感觉。这些被截断四肢的人很显然地在没有这些部位的情况下，仍能感应他们在做动作的双臂或双腿。

动作灵敏的方法

使儿童动作灵敏的方法有以下25种：

(1)在学校，加入同学组成的球队，或在家附近，参加邻居所组的球队(垒球、篮球、足球或其他团体运动)。

(2)正式学习一项体育运动，例如游泳、滑雪、高尔夫球、网球、体操。

(3)学习一种武术，例如合气道、柔道、空手道。

(4)让他(她)经常运动，并且将运动时在脑中产生的一些意念、想法记录下来。

(5)学习一种手艺，例如木工、编织、雕刻或钩花。

(6)到民众活动中心选一门陶艺或石雕课。

(7)学习瑜伽术，或是其他教人放松身体及以意念控制身体的功夫。

(8)玩一些需要快速反射动作的电动玩具。

(9)正式上课学习舞蹈(现代舞、社交舞、芭蕾舞或其他种舞蹈)或练习一些自创的舞步。

(10)选做一样必须亲自动手的家事或消遣，例如园艺、烹饪或是模型制作。

(11)学习手语或盲人点头。

(12)戴上眼罩，在你的引导下，练习用手摸索四周的事物。

(13)收集一堆质地不同的物品(丝织品、光滑石块、砂纸等)。

(14)练习在人行道的边石上行走，或是在平衡台上行走，以训练孩子的平衡感。

(15)训练一队少棒队，或担任某一团体运动或个人运动的教练。

(16)在某医生或某健身中心的指导下，设计一套健身课程或有氧运动

课程。

(17)与朋友或家人玩“比手画脚”的游戏。

(18)做一些训练感觉的活动,使他(她)较能感受身体的知觉。

(19)向一位在心理生理学方面受过专业训练的治疗人员,请教一些专业知识,学习一些治疗方法。

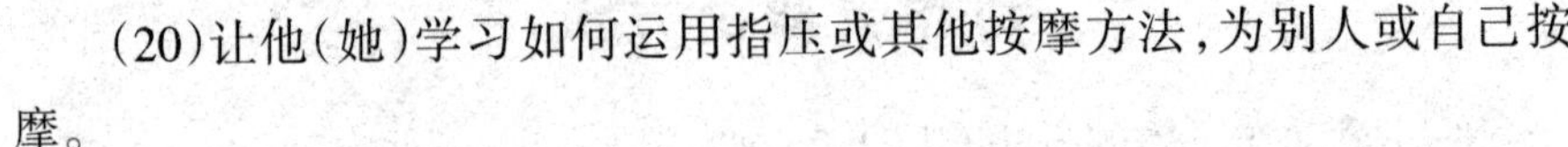

(20)让他(她)学习如何运用指压或其他按摩方法,为别人或自己按摩。

(21)以玩保龄球、掷圈游戏、篮球投篮,或用瓶、盘要把戏等活动,训练手眼的协调能力。

(22)学习一种需要触觉良好、双手灵巧的技能,诸如打字或弹奏乐器。

(23)将夜间做梦或自己幻想时,所见到的一些身体动作的景象记在心中,并时时回想。

(24)学习表演,或参加一个地方剧团。

(25)学习一项在日常生活中每日必做,而做时又必须仪态优雅的事,例如茶道。

人际交律的智慧

你的孩子的智慧可能并不在他(她)自己的身上。如果他(她)懂得如何让别人帮助他(她)的话,那么别人的智慧也许就会成为他(她)的智慧。因此生活的最佳指导原则是:动员他人为自己效命。

英国的大文豪莎士比亚,美国的女社会工作者亚当斯,以及美国的詹森总统,这三人应该彼此互不相干,似乎绝不可能凑在一块儿组成三人乐团的。但是他们各自不同的一生,却由一首相同的主题曲谱奏出他们各自杰出的成就。

他们三人都具有一种善解人意的神奇能力。莎士比亚在与人交往时,像是只变色蜥蜴,他能随时配合环境,改变自己的态度。根据文学批评家威廉·哈兹里特的看法,莎士比亚“完全不具自我,他除了不是莎士比亚之外,可以是任何其他人,或是任何别人希望他成为的人。他不仅具备每一

种才能以及每一种感觉的幼芽,而且他能借着每一次的命运改换,或每一次的情感冲突,或每一次的思想转变,本能地预料到它们会向何方生长,而他就能随着这些幼芽延伸至所有可以想象得出的枝节”。就莎士比亚而言,他的这种善解人意的能力是向内发展的,他胸中这股澎湃的人际能力,全被导入他伟大的剧作中了。

珍·亚当斯则是以一种较为直接的方式,表达她对别人的关怀,她主动地将自己投入到受苦难与受压迫的人群中。当她在校读书时,便已发觉,自己在上完课和参观过展览之后,总是感到精疲力竭,而当参与慈善工作时就精神百倍。她曾在28~29岁时赴欧洲游历,当地劳工极度恶劣的生活境况令她十分震惊,她因此发誓要在美国设立安置所,照顾穷人的生活。1889年她创设了和娥安置所,该所成为培训美国第一批社工人员的摇篮。透过和娥安置所与其他的社会工作,亚当斯为穷人争取较佳的居住环境,要求政府提供更全面的社会福利,以及较严格的童工法,并且提倡保护女性劳工,为黑人争取权益,推动社区教育以及世界和平。在1931年,当诺贝尔委员会将诺贝尔和平奖授予她时,评委说道:“珍·亚当斯女士并不多言,但是她沉静、仁慈的胸怀却散发出一股亲善的气息,很自然地激起在我们内心中对人的关爱之情。”

詹森总统则能操纵自如地展现他那高超的人际手腕。最近出版的《詹森传记》描写他攀着美国的政治之梯向上爬行时,能以行话与人闲谈,并且流露出一副迷人的风采。一位评论华府政治舞台的专家说道:“许多政客都会做到面带微笑和尊重别人,詹森则不止于此。无论某人的想法如何,詹森都表示同意——他甚至比某人更早想到这一点。他会盘算别人的心思,并且能掌握这些心思的动向,而比那人更早到达那里。”

这三位能力超群的人,在人际交往方面,都具有极高的智慧。这种智慧的主要表现在于能够仔细分辨他人的意图、动机、心情、感受和思想。豪尔·葛德纳认为:“社交能力强的人,必定是会盘算的人,他们会考虑到自己行为的后果,会盘算别人的可能行为,会计算自己的利益和损失——所有这些盘算,都是在相关因素很可能会变动的情况下做成的……只有认知能

力极强、非常善于察言观色的人，才能在这样多变的情况下，做出这些计算来。”

本节即将探讨这类人的思考过程。此外，本节亦将研究诸如企业家、外交家这类在工作上广为运用这种智慧的人，如何将这种人际交往的智慧在生活中发挥出来。

最后，本节将为你提供一些具体的建议，以增强你的孩子人际交往的智慧，使他们的生活，从多彩多姿的人际接触层面观之，不至于像个孤岛，而更像个群岛。

刻板印象的形成

对于如何看待有社交天分的儿童，二十年以来，社会心理学家已经深入其中探出究竟了。根据这些研究的分析，我们首先会搭建起复杂的心理构架，然后再以这些心理构架作为看待他们的背景资料，从而决定我们在日常生活中如何培养他们、对他们的表现，以及自己的反应。

这些心理地图大致包括他们对他人的固定看法（例如，认为老年人喜欢待在家里和喜欢在院子里做些琐碎的事），一些个人的特质（例如，对于做“职业骑师”有何意义的想法），以及一些在公开场合的典型行为。用这些社交的心理认知地图去记录他们对他人的第一印象，以及解释他人的作为，并预测他人的未来行为。就像我们若是见到一位老人家身着棒球队的制服，站在一家高级餐馆的餐桌上疯狂舞动时，我们很可能会大吃一惊，因为这种行为与我们心理上所预期的他人行为，二者形成了强烈的对比。

但是，这种心理认知地图，似乎往往也会误导我们，使我们在打量别人时，做出离谱的错误判断。也许不久前，你在邮局里排队等候买邮票，你猜想，排在你前面的那个人，不是流落街头无家可归，就是精神病院里的病人。因为证据十分明显——或至少你觉得很明显：她衣衫不整，衬衫有一半露在腰带外，鞋带未系，蓬头乱发，怀里抱着一堆杂七杂八的东西。但是过了一会儿，你得着机会凑近瞧瞧她抱着的那堆纸，发现其中有一件是她要寄给出版社的手稿，而在写着寄件人姓名地址的那一角，你瞥见一个全国知名的科幻小说作家的名字。借着下面的练习，你可以让孩子自我训练

"识人之道",使他们尽早地掌握识人的才能。

请你先选好一处繁忙的公共场所(例如公园、火车站、闹区的街角等。然后让你的孩子站在或坐在一个他们觉得舒适的地点,你取出带着的笔记本,让他们开始观察周围的人群。你可随意任选一个人让他们加以观察,根据他们迅速的观察,你写下他们对这人的所有印象(例如:"家长"、"雅痞"、"病态的健身运动者")。写完之后,在那些你认为有十足的证据,支持他们的看法的项目旁画上星号,在那些凭据不足,或无凭无据的项目旁,则画上圆圈。然后,以同样的方式,至少再观察其他三个人。

当他们这样观察时,你会发觉,你们所看到的不仅是那些为生活奔忙的个人,而可能是一幅构成人类生活的复杂人际互动脉络图——并且,图中大部分的事物,都在无声中进行。按心理学家估算,人与人之间互相传递的资讯,其中有60%~90%为无声的沟通。这种沟通包含许多种不同的行为,诸如脸部表情、人与人之间所保持的距离、触摸的方式、姿势、手势和眼睛对视。根据传播学家玛莉奥培的估计,人类能用身体做出约七十万种不同的手势动作。研究身体动作的学者勃得威斯特表示,仅是脸部即可做出二十五万种不同的表情。而另一专家克劳特则可辨识五千种不同的手势。此外,身体动作专家休斯则收录了一千种不同的姿势体态。

入境随俗

有些表情动作,是放诸四海而皆准的,例如,因为快乐、悲伤、愤怒或厌恶等情绪而显现的脸部表情。但是,大部分传达人际讯息的表情动作,在不同的文化社会,便有不同意义。竖起拇指的动作,对美国人而言似乎是表示友善。但是若在尼日利亚做出这种动作,就等于在美国向人"伸出中指"表示"×××"的恶劣下流动作。同样的,在希腊,你若是伸手招呼计程车,也许会遭人殴打。因为在古代,希腊人曾令罪犯游街,并将粪便涂抹到他们脸上。这一动作的残余部分——一只用力伸出的手,手掌向外,就从希腊文化中流传下来,并被视为猥亵淫秽的象征。

人类的表情动作,何者代表何义,有其复杂的法则。我们可运用这些人际讯号,在彼此之间传递各式各样不同的情感、心意和想法。在这些讯

号所代表的意义中，最广义的为表达接受和拒绝的信息，或是表达亲密和疏远的方式。根据爱因斯坦人际沟通医学研究院的院长爱伯特·史佛朗的研究，那些表示志同道合、关系亲密的讯号，具有他称之为“相与伴随”的肩并肩式的相互位置。若两人在走路时步伐一致，体态也相似，并且运用同样的手势，这便是“相与伴随”的一个例子。史佛朗同时也提到“框架”式的说法——所谓“框架”式，就是指当两人或一小群人相依而坐时，形成一个社交单位。而将侧面或背面朝向那些他们不希望包括在自己这一单位内的人，如果你曾经历过贸然闯入两人或三人的谈话圈，而忽然觉得尴尬的场面，那么你也许就进入了别人的“框架地带”。

在人际沟通方面，另一些你必须让孩子了解的重要项目包括：他们得知道谁在触碰谁（在群体中最有势力的人，通常最有权去触碰别人），以及谁在主导谈话（最有势力的人，通常会订立标准，决定每人发言的时间长短），和眼睛对视的方式（两人对视的时间愈久，他们就愈可能彼此非常吸引或非常排斥）。

然而，我们也得让他们记住，任何人际讯号都无固定不变的意义。因为一方面因文化不同，便会产生差异；而另一方面，对于那些想要利用这些讯号传递一个与现有信息不同的另一信息的人而言，他们也可随时操纵这些讯号。例如，置身于团体中的一对恋人，可能会刻意地避免二人对视，以免旁人猜测他们密而未宣的恋情。在典型的社交场合，我们往往会见到许多错综复杂的人际关系与暗传讯息的手势动作。

下面的这一练习，即在帮助你训练自己的孩子侦测这些关系与动作。

请参加某一正式的集体活动，并确定参与的其他儿童都不太认识你的孩子。例如，某艺廊的开幕式，他们与其他孩子都不太熟识的公益活动聚会，公开型的演出，或任何其他类似的场合，等等。

当他们到达时，先让他们在角落找一个不太显眼的位置，替自己安顿一处舒服的据点。然后，观察周围三五成群的儿童，看看他们是否能从他们的共同举动中，侦测出某一些成员之间关系亲密的特定小团体。当有人进场时，注意瞧瞧，有无“相与伴随”式的例子（两人或三人步调一致地走进

室内)，再向四周环视，看看有无“框架”式的例子(数人同坐，自成一个小团体)。

注意旁人的姿势与手势动作，他们与别人眼睛对视或触碰别人的方式，看看他们是否能由这些观察中看出谁是聚会中最有吸引力的人物。找找看，有无任何“泄露”的状况——是否有人因某些动作而暴露了自己内心的感受。当聚会接受尾声时，四下留意，有无任何“结束的动作”——是否有人在以动作示意该是结束聚会、道别的时刻了。

如果可行的话，你可找一位“内幕人士”(某一位了解大多数在场儿童的人)，核对一下你的孩子所做的猜测，看看他们所观察到的亲密同体，或彼此陌生的人，或强弱顺序是否正确。核对之后，你可以将这些观察记录下来。

帮助孩子体会“我们”

某些专家学者近来发现，世界上有些文化是属于“自我”文化类型。那些社会中，对于个人的重视超过对于群体的重视。而在我们的文化中则是倾向于“我们”文化，在这个社会中，人们较重视人与人之间的联系与互相合作。

在美国的南达科他州的印第安事务局，对于“我们”与“自我”这两种文化，曾经上了有趣的一课。若干年前，印第安事务局曾经投入大笔资金，经营一项手工艺品的生意。事务局的投资目的，在于辅导保留区内的印第安族人将来逐步接管此营业。后来，这项经营失败了，一些局外人便将之归咎于“印第安人缺乏开创精神”。但是，根据知情人的说法，则完全不是那么回事。失败的症结，是由于印第安事务局强将美国白人的经营理念加之于印第安人的缘故。

依照美国白人“自我”文化的观点，事务局为印第安人订立的经营方式为:以各种奖励办法酬报个人的工作表现，并鼓励员工之间彼此互相竞争，以及其他与个人、“自我”相关的措施。但是，印第安索克斯族人的文化，是属于“我们”文化类型的，在他们的生活中，基本上就无所谓个人奖赏或个人成就。他们的生活原则，大体上讲求“若非我们全部行动一致，大家同心

协力地一起做，就是大家都不做”。因此，当这些印第安人不求个人的功名，不在乎个人的升迁时，别人就误以为他们没有进取心，缺乏开创精神。

“我们”的意识可以帮助财商型孩子克服困难和恐惧，表现出异乎寻常的英勇，就像是天降大任一般，使他们获得非凡的成就。

现在，全球迈向“我们”文化的行动，已创造了一个新的词汇“人际网络交流”。我们用此词形容一种刚刚形成的、具有共生意义的人际结合。虽然这个词也许会令人联想到一些雅痞在鸡尾酒会上互换名片的场面，或是环保人士借短波无线电交换健康食品食谱的情景，不过事实上，“人际网络交流”是指一群志同道合之士无论为何目的，彼此之间相互联系的交流。根据心理学家史丹利·米葛瑞姆的研究，每个人平均与3~5个人接触交流，便可联系到任何其他的人。这表示，你如果有所需求的话，可以非常轻易地找到一个能够提供资源或建议，或是以一种关怀的态度在某方面帮你解决问题的个人或团体。下面的这一练习，便是要引导你的孩子步入人际交流的网络。

在一张纸的上方写下某件你的孩子想要学习了解的事物，请尽量描述得清楚些(例如，如何得到某明星的演出赠券，如何写好求职用的履历表，如何画油画等)。先从他们现有的支援体系中，找出可能帮他们搜集相关资讯的人。将此人列为他们人际交流之旅的第一站，在纸上将名字与题目用直线连接起来。其次，请此人另转介几位能够在这方面指教他们的人。接着在纸上写下这些人名，将他们列为第二站。向这些人当面请教(如果他们不在本地，可以写信或通电话的方式联络)，以寻求更进一步的资讯。再将这些人转介的另一些人写在纸上，作为第三站。可以运用这种方式继续不断地一站一站向下联络，直到他们找出对你的问题能提出最适当解答的人为止。

有时，通过这样的人际交流网，会找到一位对他们所提出的问题非常在行的专家。不过，在多半的情况下，你会发觉，那些与他们交流的人，都对他们的问题有部分的认识，为他们提供了部分的答案。此外，在联系的过程中，他们或许会发觉，自己正在建立一个支援体系，这些人能在某一特

定问题或范围内帮助他们解决问题。

芭芭拉·雪尔是一位心理治疗与职业咨询专家，她以自己的专业知识指点社会大众，如何通过“成功小组”的人际关系，达到个人在生活与工作上的目标。在她与安尼·噶特利伯合著的《团队合作》一书中，她提供了几项建立与维系人际支援网络的基本原则：

将目标告诉每一位所熟识的人（因为他无从知道究竟何人会是这方面的专家）。

邀请亲朋好友，以小型聚会的方式向人请教。

聚会时，就各人的目标，彼此脑力激荡，尽量提出看法（相互咨询的三大问题是：“你的理想是什么？”“有哪些阻碍？”“你需要何种支援以达到目标？”）。

整理一份参与聚会者的通讯名录，并将各人的专长与兴趣一并记人。印一份非正式的会友通讯，报导会友动态，包括会友“成功”的事迹，会友的专长与需求，以及各人的联络电话。

雪尔认为，“一般人常对自己的问题想不出好对策，却很会为别人出主意”。她同时认为，许多人们自己没有勇气做的事，却会鼓励别人去做，这就是为何她劝人组织人际支援团体，使大家借由互相克服疑难、挫败，而实现各人的梦想。

这样的互助支援团体，曾经支撑许多人度过生命中的低谷。有位学者曾经一度想要辞去在中学教书的工作，于是他找了几位和他一样对现实不太满意的老师，大家为他出主意，讨论他究竟是否该辞职。尔后，他想要展开写作生涯，他就加入一个成员们都正在转行投入新事务的小组，彼此互相鼓励。这两个小组的聚会形式相同，都是将聚会时间分为三部分。在聚会一开始，会员们彼此分享自上次聚会后各自遭遇的一些“新鲜事”，大约用一两分钟时间很快地交流。在聚会当中的一段时间，各人所花时间不等，会员按各自的需要，找人商谈自己的问题。某人也许需要用半小时，向人请教进行某一计划的各种途径，而另一个也许只需要五分钟，听听别人对自己想法的意见。聚会的最后一部分时间，通常用来自由交换心得，彼

此互通资源，或谈谈都感兴趣的一些事物。

对你而言，也许这些加入互助团体的做法，以及本节所提供的一些其他有关人际交流的意见，正好与你的社交活动不谋而合。或许，你会觉得与人交流、听人诉说，或是觉得交际应酬是件痛苦不堪、困难重重的事。

但你应该明白对他们的这种锻炼，是非常有益的，在将来他们会发现自己能力很大，或找到其他自我开拓的方法来提升自己的生活。

增进人际交往智慧的方法

增进人际交往智慧的方法有以下23种：

(1)下定决心每天(或每周)结识一位新朋友。

(2)加入一个义务性或服务性的团体(例如扶轮社、绿色和平组织、红十字会等)。

(3)举办一次小型聚会，并且至少邀请三位你不太熟识的人参加。

(4)定期参加团体心理治疗的活动或家庭式心理治疗课程。

(5)在目前就读的学校或团体中，主动争取一个领导的角色。

(6)组织一个互助会。

(7)选读一门关于人际沟通技巧的课。

(8)与另一人或数人共做一件都感兴趣的事(缝制棉被、撰写演讲文稿、花园造景，等等)。

(9)与家人定期在家中聚会。

(10)利用电脑网络系统的电子布告栏与他人交往。

(11)发动同学组织一个脑力激荡小组。

(12)参加为少年举办的夏令营。

(13)阅读有关社交礼仪的书籍，以学习正确的社交礼仪，并向精于此道的人请教。

(14)在公共场所(例如书店、超市、展览厅等地)主动与人交谈。

(15)固定与一些在人际交流网络上有关联的人打电话，无论他们是男同学还是女同学。

(16)参加大家庭的团聚,或是与小学同窗重返母校的聚会。

(17)与家人朋友玩一些非竞争性或需要彼此合作的户外游戏。

(18)接触一些喜欢"我们"文化的人,吸取他们文化中重视人际关系的精髓。

(19)加入一个有助于扩展人际关系的社团(例如读书俱乐部、健行社、演讲会等)。

(20)以义工或非正式的方式,教导他人学习。

(21)以一两个星期的时间,每天花十五分钟,观察人们在公共场所(街头路边、火车站、百货公司等地)如何与他人打交道。

(22)默想与他人的人际关系,从家人、朋友开始,延伸至社会与国家,最后包括全人类。

(23)研究那些有社交专长才能的名人(例如慈善家、心理辅导专家、政治家、社会工作人员),阅读他们的传记,或观看介绍他们生平的影片和其他刊物,并学习他们的社交方式。

认识自我的智慧

要了解一个人的个性,最好的办法就是找出这个人自认为,当持有那样的态度或观点时,自己最有作为、最有精神的那种心态或道德观。在此刻,这个人的内心会有一个声音说:"这是真正的我!"而帮助那些不喜欢有人约束的孩子,尽早地学会"自我管理"是智慧的传承,是他们成功的保障。

印度当代大哲拉玛那·马哈希在年仅17岁时,就体验了一种使他一生为之改观的恐惧感。那时他正独自坐在他叔父坐落在印度南部的家中,突然间,他对死亡感到极度的恐惧。他那时身体十分健康,但是他有那种自己快要死了的感觉。于是他便躺在地上,使自己看来像具死尸一样,屏住气,不呼吸,而此刻他的心神却向内探索,研究"死"的意义。在那一刹那,他的内心深处直觉地感到,虽然他的身体会死,但是他的"自我"却会活下去。他后来写道:"所有这些念头都不是死板的思考,而是像发生在眼前、我直接感受得到的真实一般,生动鲜活地从我脑中闪过,几乎是不经过思

考的。'我'是一种非常真实的东西，是唯一一样与我目前的状况有关的东西……自那之后，我就一直全神贯注在'自我'这件事上。"他已脱胎换骨。几星期之后他离开家人，独自前往圣城帝入凡那马去。他在那里生活了五十余年，对来自世界各地的成千民众讲解找寻自我的历程。

马哈希与自我的奇遇是非常罕见的，但是他的经历，它那威力大得足以转变人生的一番经历，却是大部分人在他们的一生当中，多多少少都会体验到的一段历程。这一经历，是回答"我是谁"这个大问题的一种动力。

对于这个大问题的探究，各人看法不一，因为自我具有多重面貌，我们无法做精确的描述。对某些人而言，自我像是纽约市的火车总站，负责调度我们一生当中所做的各式各样复杂的事情——计划、希望、渴望、立意做某事、实际采取行动，以及承担无数的重大责任等。对另一些人而言，自我好似心智的"杜威十进位制"，我们所有的经验都储藏在自我里面，当我们面临各种压力需要救援时，自我便召唤这些经验来帮助我们。而对那些信奉神灵的人而言，自我犹如一块"纯意识的镶金宝石"，它已超越了为俗务奔忙的、较低层次的自我。

不过，无论人们如何定义它，当我们在研究人类的智慧时，"自我"都占着十分重要的地位。在面对"自我"时，典型的财商型孩子比成年人的意识还清晰，并可以从中看到伟人具有的品质。

概念性的自我

如果我们叫一个3岁的幼儿指指自己，他可能会把手指向自己的肚脐。若以同样的问题，问一个较大的孩子或一个成人，他们的手也许就会指向胸口或头脑。三千五百年以来，关于自我究竟何在的争论，各家之说莫衷一是，有的认为心或肝是"我"的本源，也有人认为松果腺或其他某个与头脑有关的器官，才是意识的发源地。更甚的是，确定自我的特质，要比找出自我在人体中的位置更为困难。

也许，我们不易为自我下一个明确定义的原因，是由于我们所找寻的目标也正是那从事寻找的主体。换言之，如果自我简单到一种我们能够了解的程度，那么，我们也就简单到一种我们无法了解自我的程度。早在公

元前500年，佛教大师就已将自我视为一种概念，他们认为在意识的核心部分，并无任何有形的自我，而只有与空幻的自我附着在一起的思想、情绪、感觉和意念。近年来，认知心理学家也认为自我是无形的，他们的观点与佛家的说法大体一致，认为自我只不过是一张非常复杂的心理地图或是一系列的背景知识与经验，而借助这样的地图或以往的知识、经验，我们认知周边环境的心理活动，能运行得更有条理。

对财商型孩子而言事实上确有"真实自我"，这一真实自我，是在个人与周边的环境，以及与自己亲密的人相互作用时形成的。这一真实自我，是一个人的创造生命自发性，以及心理健康的源头。威廉·詹姆士对这一自我概念做出了最好的综括说明："我常觉得，要了解一个人的个性，最好的办法，就是找出这个人自认为，当持有那样的态度或观点时，自己最有作为最有精神的那种心态或道德观。在此刻，他的内心会有一个声音说：'这是真正的我!'"根据《找寻真实自我》一书的作者、心理学家詹姆斯韦·斯特森的研究，真实自我包含下列各成分：

能够在充满活力、激昂兴奋和自动自发的情况下，去深刻地体验各种不同情绪的能力。

有自信、能坚持己见。

有自尊。

能够了解自己痛苦的情绪。

做事为人肯担当、重承诺。

有创意、能与人深交。

有独处的能力。

斯特森强调，这一真实自我并不会因时空而改变。他说："无论得意或失意，心情好或心情差，是成功或是失败，一个拥有真实自我的人，他的本性永不改变，即使在他成长时，也仍旧一样。"

影响这一自我发展的关键时期，似乎是在一个人的幼年时期。一个婴儿，若能在生活中得到关爱、鼓励，并有足资表率的对象供他学习模仿，以及能从他人眼神中见到适当的"反映"(母亲眼中的光芒在说："你来到世上

了,我可爱的小宝贝!”),那么这个婴儿对于自我就会产生正面的印象,并且其真实自我也不断地得到肯定。反之,一个幼儿若生长在一个充满恐怖、沮丧、憎恨、冷漠的家庭中,则会形成反面的自我形象。此一反形象并将尾随进入他的成年生活中,带给他许多痛苦,这种情形会造成一种“虚假自我”:这是一层凡事都要求其完美的面罩,这面罩,作为他与周围环境之间的缓冲,或许使他不会受到无价值感,或无力感这些情绪的干扰。

再以一个极端的情况为例,一个幼儿若遭遇非常严重的身体或心理伤害,就会造成自我的断裂,而导致深度的自我分裂,形成多重人格的精神异常症状。

但是,即使是正常人,在幼年时期形成几个“次自我”以应付成长中不可避免的压力,也是很普遍的现象。不同的心理学派以不同的方式表明这些自我的特质。完形心理治疗学派称之为“优胜者”和“失败者”;沟通交流分析学派将这些不同的自我,区分为孩子型、父母型和成人型;而心理分析学派则认为,人格基本上是由本我、自我、超我及完美的我四部分所构成的。

精神合成学派是由意大利的精神病学家阿隆及欧里发展出的一种心理治疗法,接受治疗的病人可为各式各样的次人格自由命名,诸如“被宠坏的孩子”、“巫师先生”、“性变态者”、“神经兮兮的东西”、“思想警察”等。这些“小自我”与通常所谓的自我同进并存,在未因挑战而突然爆发为行动之前,这些“小自我”经常存在于我们的无意识中。下面的练习就是帮助儿童找出“自我”,并且使他们更了解自己的真实自我。

(1)自我拼贴画。

请先找出一些做拼贴画的材料,有胶水、剪刀、颜料、蜡笔、铅笔、旧杂志、旧报纸和一大张白纸。然后画出自己各个不同层面的面貌,写下自己所见到的自我,并将这些自我的画像粘贴到纸上(你也可影印一些自己在不同年龄所拍摄的相片,一并贴到纸上)将描述你真实自我的文字与图像——也就是自己最有精神、最有活力时的那个自我,放在这张纸的正中央。然后找出次人格,或是所谓的“小自我”,并将描述这些次人格的文字和图

像，放在真实自我图像的四周。

这一练习可帮助一个人认清自我，并可在其培养自我感的过程中，提供一张蓝图。大多数研究自尊的心理学专家都认为，若要培养一个正面的自我形象，通常都要经过一段使自己从小自我的束缚中释放出来的过程（如“坏孩子”、“事事都要求完美的人”、“懒惰的女孩”等等小自我）而后逐渐认同自己真实的自我。下面的这几点建议，可帮助儿童迈向正面的自我形象：

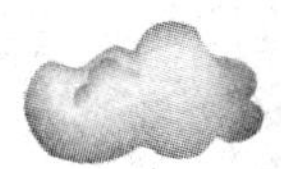

请勿以反面的自语贬抑自己。

每日做一件能促进自己人格成长的事。

写下二十句有关自己的正面话语，并且固定每隔一阵子便念给自己听一遍。

在脑中想象真实的自我。

使自己与一些具有良好自我形象的人生活在一起，并以他们为学习的对象。

阅读一些开拓自我的书籍，以巩固那些已经暴露的正面自我。

如果财商型孩子的眼神只注意那最有精神、最有活力和最有创意的自我，那么他们就能逃离反面自我形象的樊笼，而得以在一个更宽广的自我中自由翱翔。

培养一种能够驾驭并且胜任的感觉，是迈向一个正面自我的关键。这种感觉也就是心理学家罗勃·怀特所说的，我们能影响周围环境的一种感觉。当我们从事特殊教育的工作时，我们会发觉，那些有关培养自尊的练习，若不与学生们在自我设定的目标时所产生的成就感相结合，就不能发挥太大的作用。

培养一种自我驾驭感，似乎十分有助于建立一个稳固的自我感。耶鲁大学研究人类智慧的学者罗勃·斯登伯格将这种大家都默认存在的驾驭能力，称为“管理自我”的智慧。根据斯登伯格的研究，这种能力包含：“知道每天应该如何管理自己，以使自己全力发挥。例如，对于自己所面临的各项工作，能够分辨缓急轻重；知道能以何种大体有效的方法去完成任务；知

道如何推动自己，以赢得最高的成就。”

但似乎很少有人能够做到100%的自我管理。在过新年时，他们往往会立志，要在新的一年中学这学那，但结果真正完成的却寥寥无几。由此可知，一般人都未能完成发挥自我管理的能力。研究行为动机的专家丹尼斯‘衡特里说：“很显然，大多数的人花许多时间计划如何过圣诞节、如何度假，却不花时间规划自己的一生。因为他们不作规划，他们等于以不作规划使自己有计划地走向失败。”

我们只要观察许多在社会上有成就的人，就可看出，他们都拥有这种自我驱策的能力，并能借助这能力，使自己达到人生的目标。例如，富兰克林年仅二十便已为自己一生的行事为人设定了一个主要计划。他所规划的人生准则是：节俭、诚实、勤劳和廉正。他在晚年回想起自己所定的人生计划时说道，他对这些准则“到老都信守不渝”。另一位在当代受人崇拜的人物，美国克莱斯勒汽车厂的总裁艾柯卡在他的自传中当述及设定短程目标及有效运用时间的重要性时，他写道：“自从上大学之后，我就一直奉行周一至周五努力工作，而尽量将周末匀出与家人相处或做些休息活动。到了星期日晚上，我就又要振作精神，为下周要做的事情拟出一份大纲。”

当然，仅仅列出目标，并不保证就能做到。在设定目标的过程中，还得另外加入几项因素。首先，我们必须选择那些我们可能达到的目标。如果你以“获得诺贝尔和平奖”作为人生大目标，那保证你是会失望的。了解孩子的优点与缺点，是培养孩子成才的重要一环（当你在阅读本书并让孩子做书内的练习时，你就是在培孩子自知的能力）。如果他们所选的目标，处于他们力所能及的边缘，那么这些目标就既具挑战性又是他们能达成的目标。

因此，这就涉及设定目标时的第二项重要准则：他们所订的目标，的确是他们想要做的事。《登峰造极》一书的作者查理·葛费德说：“一个人可以列出99项目标，但是唯一可以使你将‘何必多此一举？’的心态抛到一边的，却是你的满怀兴奋之情，因为你知道这些目标对你关系重大。”你要弄清楚，是他们的真实自我促使他们定出这些目标的，而并非由于另外有某个

人决定做这些事。

最后，他们的目标必须是可以测量的，因此你才知道何时可达成这些目标。请用明确、具体的语言描述出他们想要做的事，以及他们拟于何时完成它（不要将目标定为："我要赚很多钱"，而应订为"到1998年时，我要成为一个一年可赚二百万元人民币的室内设计师"）。

下面的练习，可帮助孩子设定自己的目标，并且锻炼自我管理的能力。

(2)善加照管他的目标。

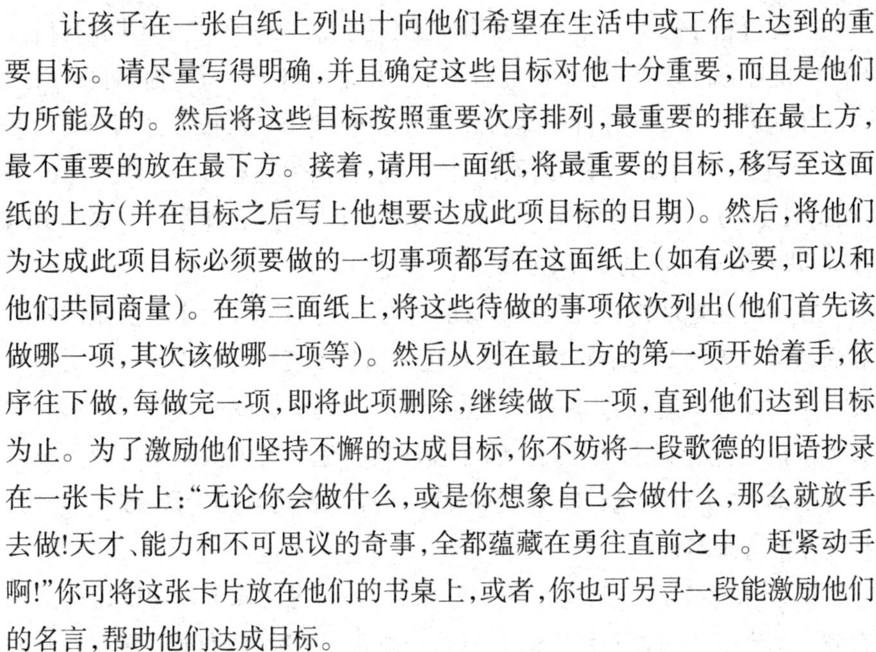

让孩子在一张白纸上列出十向他们希望在生活中或工作上达到的重要目标。请尽量写得明确，并且确定这些目标对他十分重要，而且是他们力所能及的。然后将这些目标按照重要次序排列，最重要的排在最上方，最不重要的放在最下方。接着，请用一面纸，将最重要的目标，移写至这面纸的上方（并在目标之后写上他想要达成此项目标的日期）。然后，将他们为达成此项目标必须要做的一切事项都写在这面纸上（如有必要，可以和他们共同商量）。在第三面纸上，将这些待做的事项依次列出（他们首先该做哪一项，其次该做哪一项等）。然后从列在最上方的第一项开始着手，依序往下做，每做完一项，即将此项删除，继续做下一项，直到他们达到目标为止。为了激励他们坚持不懈的达成目标，你不妨将一段歌德的旧语抄录在一张卡片上："无论你会做什么，或是你想象自己会做什么，那么就放手去做!天才、能力和不可思议的奇事，全都蕴藏在勇往直前之中。赶紧动手啊!"你可将这张卡片放在他们的书桌上，或者，你也可另寻一段能激励他们的名言，帮助他们达成目标。

如何认识他自己

有些父母对于前述的设定目标一事也许会感到犹豫。他们不知道该从何做起，因为他们不知道孩子的人生目标究竟是什么。这些人也许应该注意认识培养的另一重要内涵，认识孩子的精神生活。豪尔·葛德纳视这种自觉力为构成自知之明的核心。葛德纳认为，一个有自知之明的人，会先分辨自己各式各样的情绪，而后一一标明，用符号表示这些情绪，"并借这些情绪来了解和指引他自己的行为"。心理治疗专家、睿智的长者，以及

作家都是这一类拥有自知之明的人。

法国小说家普鲁斯特在他的成年岁月中，花费了大半时间躺在床上，一点一滴地沉思缅想过往的生活。他这样自省的结果，是写成了一部西方的文学名著：数册之巨的小说《追忆似水年华》。这部小说开始的头五十几页描述故事中的主人公，在他小时候，每晚等着妈妈到他的房间来亲吻他，送他入睡的感觉。作者以非常细腻的笔触，描写情感和思想的每一个细枝末节。

心理分析学派的创始大师弗洛伊德却投入了另一种非常不同的自省。自39岁起，他将每个工作日的最后半小时用来做自我分析。他以自己对病人所用的同样的心理分析工具进行自我分析，如用自由联想、梦境（如普鲁斯特所用的）和对幼年时期的回忆等方法。弗洛伊德对自己心理所做的探索，持续了40年——他的这一段分析过程，对于建立心理分析的理论贡献极大，没有看到自我的童年，就没有这一切。

在东南亚地区则有另一种形式的自省。在这些地区，小乘宗派佛教的和尚通常每天都要打坐好几个小时，集中精神审度自己的心思意念。佛教发展出一套非常复杂的，探究人类心智的心理体系。这一体系根据那些佛教大师的心路历程来区分人类的心理活动。他们已辨认出十一种积极的心理活动，二十种引起心理不安的因素，九个控制心理的阶段，以及许多其他类型的心理运作。

即使你的孩子不是作家、心理学家或僧人，也同样可以尝试这种沉思自省的活动。你可以利用下面介绍的几种简易方法，帮助他们探究内心的活动。

(1)写日记。

现代人常觉得，写日记是帮助他们探索心理的好方法。虽然写日记需要利用语言，而语言似乎是那些擅长人际关系的人所使用的工具，但是，日记不仅可供文学表达之用，我们更可通过它来做自我探索。《一本自己的书：人与日记》一书的作者，汤玛斯·马隆将这些经常写日记并且非常了解自己的人，形容为“一般而言，非常严肃认真的人，颇有清教徒的模样……”

这一类的写作，有梭罗的哲学沉思、阿奈斯宁的自我剖析和汤玛斯·墨顿的宗教交往。

写日记详尽的技巧因人而异，自我意识诞生早的青少年都写过日记。作家乔安娜·费尔德以每天最快乐的时刻作为日记的起跑点。心理学家荣格则在他黑色皮面的日记本里写些在梦中或幻想中见到的情景。曾任联合国秘书长的达格·哈马斯·寇德，以30年的时间，将他所收集的诗篇、名人语录、各种社会问题以及各式各样的佳语警句拼凑成册。

纽约市的一位心理学家伊若·普洛果夫将许多种别具特色的日记写法合并为一种。这种方法人人都能学会，并且可用来认识自我。这种日记是采用和面的形式，按各种不同层面的内心探索，而将日记分作几部分，包括：

梦境。

白日的幻想。

个人生活史料。

与密友所做的内心交谈。

与自己及自己的学习的内心交谈。

日记。

一般而言，每个孩子大致都是从这种日记的某一部分开始记载的，而后当这一部分的日记引发了对其他事物的联想时，就会转移到其他的部分继续记录。譬如，在日记的部分所写的事情，也许会引发对某一梦境的联想，因而就要在梦境的部分记入对这一梦境的回忆。而这一对梦境的回忆又可能引起对某一幼年时发生过的事情的联想，而这一幼年的回忆，就可记入个人生活史料的部分。普洛果夫认为，用这种具有变化的方法写日记，可以摆脱传统日记形式的局限。传统的形式太过静态，而无法让人“松动内心世界的土壤”。

(2)静坐冥思。

对于那些不愿受文字束缚的孩子而言，静坐冥思可能是他们认识自我的最佳途径，也是历史最悠久的一种认识自我的方法。静坐时，无论是全

神贯注地看着烛火，或是背诵一段咒语，或仅是观察自己的心思意念，他都可在很清醒的状态下，观看自己那经常被盲目的生活所掩饰的内心感觉。正如写《如何静坐》的精神病学家劳偷斯乐山所说："我们静坐冥思，是为了找出，为了寻回，为了回到那仿佛是我们的自我，我们曾经一度隐隐约约地、含含糊糊地拥有这个自我，而在尚未弄清楚这个自我究竟是什么，究竟我们在何处，何时遗失它之前，我们就已失去它了。"下面的这一练习，使你有机会练习一种非常简单的静坐，这种方式的静坐取法于佛教的禅坐顿悟。

(3)梦境分析。

弗洛伊德称梦境为"通往无意识的捷径"。记住所做的梦，并且设法了解这些梦，将是探测自我的利器。在古代，人们常用梦境预卜未来，或由梦获得神灵的启迪。在近代，则有甘地、亨利·詹姆斯和贝多芬等人在梦中得到灵感，完成他们的创作。梦可释放被压抑的情绪，可挪移被遗忘的记忆，可启动创造性的意念，并且可使我们对生活及自我产生新观点。罗伯·强森是荣格派的心理学家，著有《心境》一书。他说："梦境是富于变化的镶嵌图书。那些蕴藏在我们无意识中的各种伟大精神能量，全都在梦境中自由活动、相互作用、彼此冲突，以及茁壮成长。"为了记住梦境，你可在床边放一个录音机或一本记事簿，无论是半夜或清晨，睡醒时就立刻将所做的梦录下或写下来。对于梦境的解释，强森提供了一套包含四个步骤的做法：

自由联想.:对于在梦境中出现的每一形象，都尽量想象与它有关联的事物，并将这些联想写下来。例如，一块空地的形象，也许会使你联想起空虚、潜力、自然生长、去年在那里玩耍的一块空地，或是无用。

将梦中的形象与内心的感觉相结合：使梦中的形象与那些在实际生活中所发生的事，彼此关联起来。例如，"我觉得我正穿越一块在我梦境中的空地。"

解释：将第一个步骤中的梦境联想，与第二个步骤中的梦境与实际生活的关联，二者合并起来，再从整体的角度审视梦境的意义。例如，这个梦告诉我，我有一些潜力尚未发挥——我得探究这份潜力。

演习:做某件具体的事,使梦由想象的世界进入真实的世界。例如,到附近的一块空地上走走,想想看,究竟它的哪一部分需要发挥。

在研究梦境的意义时,强森特别重视“向精神能量所在的地方前进”。当梦中的形象使他感到一阵活力突然涌现,或是使他情绪激昂、精神振奋的同时,他就知道,自己几乎已了解梦境的意义了。

神学家为丁·巴伯尔会经常说一个故事,他说有个人死后进入天堂时,预料圣彼得将会问自己:“你生前为何不活得更像摩西?”结果,出乎意料地,他听到的却是一个令他觉得非常羞辱的问题:“你为何不活得更像你自己?”

无论我们真正的自我是何模样,只要我们努力成为真正的自己,那么我们就能确定,即使在来生不能,至少在今生我们是得救了。

增进认识自我智慧的方法

增进认识自我智慧的方法有以下24种:

(1)研读西方心理学或东方哲学,以探寻自我。

(2)学习静坐。

(3)听一些有关行为动机的录音卡带,或观看这一类内容的录影带。

(4)写“自传”。

(5)自己创作一套探讨自我的固定程序。

(6)经常记录并且分析自己的梦境。

(7)阅读一些开拓自我的书籍。

(8)在家中辟一静室,作为沉思自省之地。

(9)学习一些新事物,譬如一种技能、一种语言,或有兴趣研究的某一类知识。

(10)自创事业。

(11)培养一种个人性无须他人参与的兴趣或嗜好。

(12)选一门如何训练决断力和培养自信心的课程。

(13)能加性向测验,以评估各方面的能力。

(14)订立短期与长期的目标,并且朝着目标努力。

(15)参加研究班,学习有关自我的知识(如精神合成治疗法。沟通交流分析治疗法、心理演剧治疗法、完形治疗法或其他心理学理论)。

(16)写日记,将思想、感情、目标和回忆全都记录下来。

(17)阅读那些个性坚强的伟大的传记。

(18)每天都做一些提升自尊的举动(例如,说一些自勉的话,肯定自己的成就)。

(19)固定参加宗教活动。

(20)每天至少做一件事自娱。

(21)找出想象中的自我,并活出自我。

(22)随身带一面镜子,当情绪发生变化、心境不同时,就照镜子看看自己的模样。

(23)每晚花十分钟,回想这一天所有的思想与情绪。

(24)与那些心理健康、肯定自我的人为伍。

六、终身发展规划

个性、兴趣、动机，对财商型孩子而言都是非常稚嫩脆弱的东西，非常容易被抑制扼杀，彻底消灭。失去了这些，他们就可能成为一个平庸的人，保持并发展了这些，他们就会不同凡响。几十年的发展足以使当初的那一点点灵气（淘气、好奇心、偏执的个性），一点点的与众不同，变成巨人与小人物之间的区别。放任自由就是天性的自然发展，就是发挥天质引爆潜能。

对财商型孩子的基本认识

以往的教育理论在促进儿童健康成长方面，总是强调管教孩子，讨论最多的是如何管教孩子。事实上，并不是所有的孩子都适合管教，对财商型孩子的成才来讲，强调管教是错误的，他们真正需要的是放任自由，管教对他们的成才弊大于利。他们未来的制胜武器不是那些早已被人们掌握的知识与常识，而是那些可能还未被我们认识的超凡才能。这些才能总是与他们与生俱来的个性，独特的生活理解，超常的发展紧紧相连。他们的能力整合他们综合素质的整体威力。对于他们遥远的前程而言，没有什么样的教育可以使他们终生受益，没有什么教育体系可以保证他们成才。只有个性的自发展，生活中获得的强烈的情感与对某件事发生的浓厚的兴趣，加上在长期的摔打中磨炼的坚强意志和产生的动机，才能保证他们表现非凡。

个性、兴趣、动机，对财商型孩子而言都是非常稚嫩脆弱的东西，非常容易被抑制扼杀，彻底消灭。失去了这些，他们就可能成为一个平庸的人，保持并发展了这些，他们就会不同凡响。几十年的发展足以使当初的那一点点灵气（淘气、好奇心、偏执的个性），一点点的与众不同，变成巨人与小人物之间的区别。放任自由就是天性的自然发展，就是发挥天质引爆潜能。如果在这个时期就对他们进行"修剪"，那未来的"他们"绝非本来的他们，这是一个非常恐怖的事情。每一个健康的儿童都会有积极进取的精神，最危险的就是我们的管教、我们的教育和改造差不多使他们失去了天性而面目全非。要让财商型孩子充分发展，就必须让他们在生活中找到智慧的源泉，找到真正获取的原动力。没有天质充分发展，就没有真正的天才。说天才是"生"出来的，有"生"出来的道理；说天才是"吃"出来的，有"吃"出来的道理；说天才是"玩"出来的，有"玩"出来的道理；说天才是"夸"出来的，更有"夸"出来的道理；说天才是磨炼出来的，那更有"磨炼"出来的道理；唯独"管"没有道理。

说天才是"生"出来的人说的是关于择偶、怀孕、胎教的医学常识，说天才是"吃"出来的说的是儿童健康成长的营养的常识，说天才是"玩"出来的说的是人类的基本智慧，说天才是"夸"出来的说的是我们非常容易总结的经验，说天才是"磨炼"出来的，说的是我们还有待进一步认识的问题。天生不足可以想法弥补，但毕竟不如健康的儿童。磨炼并不适合每一个孩子，正如管教作为一种教育方法并不适合财商型孩子和情商型孩子一样，磨炼的必须是那些大脑发育健全，身体健康，对世界充满爱的孩子，只有这样的孩子才能争强，不怕挫折。传统的"管"对他们危害极大，难以形容，但这不等于成年人无所作为。我们的作为是在尽到自己应尽的责任时，对他们的所作所为进行监督，进行量化的考察，把我们考察的结果告诉他们。如果需要纠正他们的错误的话，那也是在他们能够认识这些问题的时候。

父母应该知道的事儿

打造天才的时机：

（1）8岁以后，纠正"吃喝"的问题。

(2)12岁以后,纠正"品质"的问题。

(3)1 6岁以后,纠正"道德"的问题。

(4)20岁以后,纠正"是非"的问题。

自立以后,指出他们的"任何"问题。

完全天才之路

对于将来要自己打天下的财商型孩子的成长而言,没有什么是晚,因为那样结的果实会更香甜。在21世纪被美国人评为美国有史以来最伟大的总统之一的布什总统,38岁前一直是个纨绔子弟,40岁才决定从政。而另两位,一位是残障人,一位是命运多舛的自学成才的贫民。而被公认为最没有才能的总统里根,是50多岁才弃艺从政的电影演员,没有谁会认为他们晚了。到目前为止世界上还没有一所培养首领的学校,因为他们是"天才",这个"天才"不是天生的天才,而是一天天磨炼出来的天才,他们不仅要从食物中、书本中汲取营养和知识,更需要从生活中、从人生中吸取营养。他们究竟是如何吸取营养和知识的,我们还无法进行"化验与分析"。

然而,这不等于我们对这些一无所知,现在我们已经看到了天才的端倪。对于他们漫长的成长过程,我们应该考虑的不是早晚问题。谁会介意早一点或晚一点登上人生事业的顶峰。我们要考虑的是怎样才能保证其登上巅峰。如果一个人要在50岁或60岁之后才能开创自己的伟大事业,能否活到那一天岂不就是最大的、应该优先考虑的问题。所以天才的第一块基石,就是在他们的少年时期健康成长,没有什么比健康成长更重要。也就是说"吃和"玩"就是一切。"吃"是条件,"玩"是目的。吃好了玩好了,才是健康成长的前提。也只有吃好了、玩好了,在他们的身上才会有值得我们夸耀的东西,才有他们可以夸耀的东西。在这个时期"吃"的结果是人人都可以认同的,而"玩"的意义则是深远的,对自然的感情、对生活的热爱、智慧的萌发,皆根植于此。没有幸福、快乐、健康的童年的孩子,都是"危险"的孩子在未来都难有大的出息。从另一个方面去理解,没有什么样的教育和学习,可以比他们从玩中受到的教育、学习到的东西来得多。

"玩"不仅使财商型孩子获得了敏捷的手脚,促成了脑的发育,开发了他们的智力,同样使他们产生了高度的"注意力"、"观察力"、"想象力"。学会了做人、做事,学会了学习。明亮的眼睛与健康的心理都与玩有直接的关系,而"夸"就是对他们的健康成长的充分肯定,是对他们"吃"和"玩"在游戏中得到发展的肯定,以此引申出他们的"自尊"、"自信"。只有他们懂得了自尊、有了自信,才能健康地成长。当他们告别童年的时候,他们就像一个巨型的电脑,能把生活中的各种信息储存进去,他们在来自四面八方的信息中,所吸纳的知识是没有限量的。学校的教育,包括某些专业技术的学习,只不过是帮助他们绘制了一套表格,让他们把从各方面吸纳的东西,归纳在里面,演示一遍学习的方法,使他们如虎添翼。对他们而言,对未来而言,在学校里能学到的知识,是微不足道的,他们仿佛在这个世界上找到了知识的活水源头。他们无论是迟或早地表现出他们的超凡才能,都不影响他们的成功。尽管他们往往表现得比其他类型的人"迟钝",但他们不怕"失败"。因为他们是真正的强者,他们是最终的胜者,他们有厚实的生活基础,较强的综合素质,使他们早期表现出经常"失败",而事实上他们永远不败。也是因为这个"失败",使他们拥有最丰富的社会资源,在人生舞台上有超常的发挥和最精彩的表现。

父母应该知道的事儿

玩既是情感的教育,也是自然的学习,它是理解社会、发现自己的开始,从玩的角色中,一个真实的孩子诞生了。如果他们在这个时期没有习得这些,与生来就有残障智障的儿童一样,就会在另一次诞生中发育不全。个性的培养、兴趣的再生、意志的抬头,都是从玩开始的,没有什么能像"玩"这个如同魔法石一样的东西,变出更多的花样来,使他们一次受益,变成永远受益、终生受益。玩仿佛有一种魔力,帮助他们迅速成长、健康成长。

成才自有原因

美国的弗吉尼亚风景秀丽,气候适宜,人杰地灵。美国立国之初的四

位总统乔治·华盛顿，托马斯·杰斐逊，詹姆斯·麦迪逊和詹姆斯·门罗都出生在这里。因此有人把弗吉尼亚称为“美国总统之母”，这说明环境对人成才的影响。不仅要有良好的自然环境，还要有良好的社会环境，一直到家庭为天才营造的个人环境，才共同养育了他们。

华盛顿出生的布里奇斯溪庄园更是环境幽静，风光如画，富裕的家庭环境保证了华盛顿有一个快乐幸福的童年。少年华盛顿砍伤樱桃树的故事，更说明了他良好的家庭教育。他曾经读过一本名为《待人接物行为准则》的小册子，而且边读边写读书笔记，这使华盛顿最后能成为一个道德高尚、为人正直的政治家，被人们誉为“最少人的疵点，几乎是完美无缺的人”。这是天才的品德，也是他能成为美国“开国之父”的原因。

伟大的导师列宁出生在辛比尔斯克，那是一个有400多年历史的商港。他的学识与父亲是一名喀山大学的博士有关。父亲渊博的知识对生活造成的影响，子女们感受最深，这就如同父母品德的高低对子女的影响一样。列宁从小聪明过人，品学兼优，和睦的家庭生活和幸福的童年，保证了他的身心都得以健康成长。如果没有这美好的童年没有渊博的知识，那列宁就不是后来的那个列宁。中国人常说，“鹰怕幼受寒，人怕老来穷”。

儿时的生活影响在人的一生中都可以看到，我们再以丘吉尔为例，他出生于英格兰牛津郡一位公爵的家庭。其父伦道夫·丘吉尔一度活跃于英国政治舞台，担任保守党下院领袖和内阁财政大臣，而使丘吉尔成功的最主要原因是他自幼养成的自信的性格。他这个人富有勇气和想象力，智力出众，富有胆识，常有独特的见地，并且他是个自我主义者，顽固偏执。从某种意义上说，他还是个赌徒，最喜欢冒险。他的人生哲学受到达尔文的影响，认为生命就是一场战争，适者生存。少儿时期他就是一个出名的顽童，很难管教，尽管如此，父母还是将他送进了收费高昂的圣·乔治学校，在那里挨罚挨打对他来说是家常便饭，但他决不屈服，总是奋力抵抗，学习成绩除了英语之外，几乎都是倒数第一。头脑清醒的父母很快给他转学，为他找一个更适合他成长的环境，而不是去改造他的倔犟、固执的性格。虽然历经磨难，最终他还是成为一名最年轻的议员，最后当上了英国的首相。

阿拉法特的青少年时代，颇能说明家庭、社会环境影响的另一面，亚西尔·阿拉法特是7个子女中的一个，父母感情不好，所以阿拉法特的童年是一个怪小孩，性格恬静、孤僻、少言寡语、胆小、说话羞羞答答很腼腆，然而他吃了亏或受伤时却很少哭总是挺着，并用目光逼视对方。是一位新来的叫马吉德·哈拉比的年轻教师改变了11岁的阿拉法特。

数学课比哪门功课都学得好，枯燥的数学公式他只看一下就能记住，马吉德因此很喜欢他。正因为马吉德喜欢他，并说他的长相酷似一位阿拉伯的伟大英雄亚西尔·比拉莉，因此断言阿拉法特长成后也会成为一位伟大的人物。马吉德还在同学面前为阿拉法特的个性辩解，说许多伟大的人物都有一些“与众不同”的地方。甚至说“穆罕默德本人就是一个对别人疏远、严肃的人，假如少年时代的穆罕默德来到你们中间，你们会因为他的与众不同而嘲笑他吗?”

正是因为如此，才改变了阿拉法特的精神面貌，改变了阿拉法特的一生:这和列宁的妹妹乌里扬诺娃说，在体格上弗拉基米尔·伊里奇(列宁)极像他父亲，他承继了父亲的身材、脸型，以及声音，还有许多的品质和脾气，对列宁所产生的影响一样。

更为有趣的是，大名鼎鼎的美国总统克林顿，因为曾握过一个孤儿的手，使这个孤儿备受鼓舞，最后获得成功。因此，我们可以理解成功有多种原因，特别是见过伟大的人物，这些看似简单无奇实则意义非凡。那些获得巨大成功的人物，身上就像有“灵气”一样，往往让人一“沾”就灵。看似不可思议，实则是打破了“神话”，拉近了伟人与常人的距离，从而鼓舞青少年奋发向上、锐意进取，所有这些都值得我们思考，怎样去造就下一个天才。

父母应该知道的事儿

要知道，并不是每一个天才都能成功，成功自有原因。华盛顿初露锋芒是在战场上，他的英勇使他成为“美利坚”总司令，他喜欢冒险的精神，使生活成了一本无字的教科书。

七、相应的管教方法

任何一种能够增强孩子行为强度的东西或事情都是增强物，增强则是因增强物（增强事件）而增强孩子某一行为强度的过程。

换言之，若孩子的行为带来的结果是愉快的、有奖赏的，则在相似情况下此种行为将会再度出现。

适当地给孩子尝尝"甜头"

任何一种能够增强孩子行为强度的东西或事情都是增强物，增强则是因增强物（增强事件）而增强孩子某一行为强度的过程。

换言之，若孩子的行为带来的结果是愉快的、有奖赏的，则在相似情况下此种行为将会再度出现。

什么是增强物？

使用增强物增强某一行为的过程称为增强物

如果你说增强物是任何一种能够使某一行为强度增加的事物，而使用增强物增强某一行为的过程就是增强，那你就答对了。

请描述你所看到过的运用增强物有效增强行为的情境或事件。

请描述某人尝试使用增强物而失败的例子。

增强的基本原则

增强与增强物的界定如前所述，增强的使用看起来似乎相当简单而直截了当，事实上亦是如此。但如果我们希望在教导孩子做出适当行为时能稳操胜券，就必须知道选择与使用增强的一些基本原则。

原则一:在尝试或观察某一事物对行为的效力之前,不可轻言此一事物对此一行为而言是增强物。有时候我们会认为某一事物是增强物,但在尝试之前,谁也无法确定。如果它确实增强了行为的强度,那么它就是增强物。

原则二:对甲而言可能是增强物者,对乙而言则未必是。例如,老师以拥抱与褒奖作为增强物,拥抱与奖赏对学生虽然有效,但在早期家长对孩子教育中可能就毫无作用。因此家长必须使用其他的增强物。

原则三:为确保效果,增强物在目标行为出现后应立即给予。换言之,行为出现与增强物出现的时间间隔越大,效果越差。

原则四:增强物必须是附随的。意即某人必须先表现出目标所要求的期待行为,方可获得增强。如果某人在表现目标行为前就先得到了增强物,则此方法将不易奏效。换言之,某人必须经常表现适当行为后才能得到增强物。

原则五:训练某项新行为的初期,应在每次目标行为出现时都给予增强(连续增强以便增加行为的反应次数),但在行为稳固后,较少的增强即间歇增强往往更有助于行为的维持。

请用你自己的话,写下在选择与使用增强物时必须谨记的五项基本原则。

请记住下面的几个重点:①增强必须是附随的。②判断所给予的事物是否为增强物的唯一方法,是观察它是否增强了行为。③增强必须在行为出现时立即提供。现在,我们将进一步介绍不同情况下可采用的各种增强物。

增强物的种类

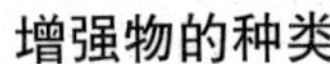

增强物的分类方式有很多种,下面是简易分类法。

(1)物质性增强物。

物质性增强物包括有形的东西,如玩具、食物、衣物及电器用品等。任何一种物质小至一小块糖或一件玩具,大到一间充满家具的房间或一辆新汽车,都是物质性增强物。

很多人认为，增强物只限于上面所提及的物质性增强物而已，这是这类型的增强物在早期的增强研究中使用得较广之故。物质性增强物在经过控制的情境下相当有效，但其他类型的增强物在自然情境下却往往更具效力。

(2)权利的或活动性增强物。

有一点很重要，那就是很多增强物都能引起行为的动机，但在某些情况下使用物质性增强物并不适当。举例来说，大部分公立学校教师觉得在教室中使用物质性增强物花费太高或违反学校政策。此时，权利或活动性增强物可能更为适当。对多数孩子而言，权利的、活动的增强物较之食用的或小饰物之类的增强物往往更有效。在学校中，这些有效地增强物通常是一些责任性的工作，如帮助老师、当视听器材操作员、收集报纸或在餐厅帮忙等。在家中，则往往是选择电视节目，到外面吃饭或选择喜欢的食物等。在上班方面的权利，则可以是选择自己喜欢的工作项目、免予打卡等。

请在下面空栏内针对所提供的情况，写下至少一种可能的权利的或活动性增强物：

在家中，对一个十几岁的孩子：

对一个三年级的学生：

对一个智能不足的孩子：

请你们夫妻双方一起设计此计划。

(3)社会性增强物。

社会性增强物是指给予注意、赞赏或认可。通常包括注视、微笑、点头、赞赏、拍手、说“谢谢”或轻拍肩膀等。对某些人而言，任何一种注意都会成为增强物，举凡叱责、口头惩戒、嘲弄，甚至侮辱，对这些人都有可能是增强物。他们经常是别人口中的捣蛋鬼或好动的人，有时他们也是“班上的小丑”。我们成人常认为他们是麻烦的制造者，或不满现状的人。虽然他们获得的注意，常是叱责、批评，但这些注意对他们的行为而言，却往往具有增强的作用。

社会性增强物所费极少而又很有效，如学习倾听别人的话、做简洁的

评论、以友善的态度微笑和回应等，几乎每个人都可成为熟练的社会性增强物的提供者。儿童和大人若能熟练使用社会性增强物，对他们的人际关系将有相当大的助益。

请在下面的空白处针对所提的对象，列出可能有效的社会性增强物。

五个月大的婴儿：________________

幼儿园学生：________________

青少年：________________

母亲：________________

对上列对象可能的社会性增强物如下。

婴儿：搔下巴、微笑、讲悄悄话。

幼儿园学生：笑脸小贴纸、称赞、拍背。

青少年：几乎任一种来自他人的身体接触（如握手、拍肩膀），以及赞美、肯定等。

(4)代币制增强物。

代币制增强物是一种有形的东西，可在事后变换为物质的、活动的或社会性增强物。金钱即是代币制增强物的一种。它能在未来交换自己期望的东西或活动。

币制的优点是易于携带，因此在很多场合都可使用，尤其是在特殊班、团体式家庭，以及个体对赞赏、注意及其他一般所使用的增强物无反应的特别环境。代币制广泛应用于家庭、学校。在家中，洗一个星期的碗累积七个圆圈就可以获得看一场电影的权利；在学校，按时交作业换取三张贴纸就可帮老师发作业等，都是代币制的应用。

如果你说代币制增强物是一种有形的东西（如分数、纸片、钱等），可于事后交换增强物（如东西、活动或游戏等），那么你就答对了。

可能性增强物的选择

当你熟悉使用增强（包括有效地增强物种类）的基本原则后，下一步就是选择合适而可能有用的增强物了。我们使用"可能性"的增强物这个词，主要的理由是，在我们观察到它的效果之前，无法确知我们所选择的是否

就是能增强行为的增强物。

(1)首先考虑改变对象的年龄,兴趣及喜好。

以生活中的具体事件为例,妈妈为了让女儿学会自己清洁房间,所提出的可能性增强物为带她到海边度假。此增强物不会奏效的原因之一是,父母对增强物相对要求的行为太多,另一个可能的原因是行为与增强物之间相隔的时间太长(两个月)。另外一个重要的可能性是,父母忽略了一个十五六岁的孩子,可能宁愿和他(她)的同伴待在家中,也不愿再像以前一样和父母一起去度假,这时同伴比父母或其他成人更具社会性增强效力。同样的,老师对学生说:"看你做得好棒!我真以你为荣。"可能会使小学生做得更好,但如果这段话是说给初中生听的,那他们也可能不会再继续努力,以避免引起老师这样的赞赏。

因此,选择增强物时,应考虑增强对象的年龄、性别、兴趣及背景等。

(2)考虑由增强物增强的行为。

若父母亲提出购买一辆脚踏车作为孩子清扫庭院落叶的奖赏,效果可能更好。

请于下面的空白处,说明你想增强的行为。叙述时请尽量明确地指出要增强的是什么行为。例如,"丽芳在算术或语文课结束,能交出80%或更多的作业时就给予增强","小宝能在晚上8点30分经提醒上床的25分钟内(即8点55分),完成上床准备工作,上床时就给予增强。"

请写出你想增强某人的何种行为。

请与你的伙伴讨论你所拟的行为。若你们二人皆同意你所拟的行为具有良好的定义(包括谁、做什么、什么时候、在何种情况下)

(3)列出可能的增强物。

当你确定拟改的特定行为,并已收集好孩子的兴趣、喜恶等资料后,即可列出可能的增强物。

现在列出三种你认为可能对增强行为有效的增强物,一为物质性增强物,一为权利性或活动性增强物,另一为社会性增强物。

A.可能的物质性增强物

①____________________________

②____________________________

③____________________________

B. 可能的权利性或活动性增强物

①____________________________

②____________________________

③____________________________

C. 可能的社会性增强物

①____________________________

②____________________________

③____________________________

你在列出可能性增强物时，若有疑虑，可参考本书最后的建议，若仍无法确定哪些可能性增强物可资利用，不妨继续往下看步骤四和步骤五。

(4)增强物的结果。

一个协助我们了解何种结果是增强的方法，就是观察孩子的行为，什么是他(她)喜欢做的。

大卫·伯麦克发现，高频率出现的行为能够用于增强一些低频率出现的行为。他发觉，幼儿园学生能经由提供他们跑跳的机会来增强他们静坐一会儿的行为。虽然高频率行为不见得全然能拿来作为增强物，但有时候，能为我们提供很好的线索去找寻可用的增强物。举例而言，唱片对经常听音乐的人而言，可能是好的物质性增强物；到球场玩对喜欢听收音机转播球赛的人而言，可能是有效的活动性增强物；而打五分钟电话对常常喜欢用电话与人聊天的人而言，会有相当大的增强力量。

现在请回顾你在步骤三中所写的可能性增强物。有没有哪一种和高频率行为有关?若有，请把它写出来，若没有，请继续观察。若确实有高频率行为可作为可能性增强者，请列在下面：

①____________________________

②____________________________

③＿＿＿＿＿＿＿＿＿＿

(5)考虑直接问孩子。

另外一个决定增强物的方式是问孩子,他们想做什么或想得到什么?有时,我们认为是增强物者,其实却不然。父母经常为孩子付出,所得到的回报却可能是断然拒绝,从而感到生气或懊丧。因此我们建议,与其在事情发生后生气,不如先问问孩子他们喜欢什么。但是,用询问的方式选择增强物并非万无一失。研究指出,人们有时也会对自己所选择的报酬不产生反应。为减少这种可能性,最好要求对方开列一张增强物清单,或他们可能会高兴收到的增强物的清单。有些研究指出,人们越被要求去参与和选择增强物(一如可取得的增强物),成功的机会就越大。这就是为什么契约对于几岁的儿童或婚姻伴侣特别有效的原因。契约行为与增强物是其中两大基本要素,因此契约的双方均对契约感到满意。

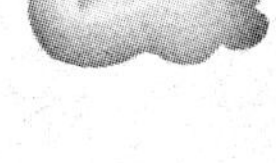

现在,你可以问问对方你想到的增强物是否合适?甚至你还可以问他(她),有没有其他想要的东西?

现在,请在下面的空白处写下对方所建议的可能增强物。

①＿＿＿＿＿＿＿＿＿＿

②＿＿＿＿＿＿＿＿＿＿

③＿＿＿＿＿＿＿＿＿＿

(6)考虑新奇的增强物。

父母和老师发现,当他们答应孩子在做完功课后可得到一个“惊喜”时,孩子们总是格外努力地做功课。父母、团体式家庭主任、机构老师等都已熟练于提供各种增强物以维持行为的新奇度。他们体会到,不同的增强物效果远胜于总是使用同增强物。尤其是口头增强时更需注意使用不同的话语。如果某人老是使用同一句话来增强,对方可能会厌烦听到这句话。举例说,如果某人的赞美话始终只有一句“非常好!非常好!”,对重复听过无数次的人来说,不啻于一句惩罚的话。

现在,请列出几种你可能使用过的不同的或新奇的增强物。

①＿＿＿＿＿＿＿＿＿＿

②____________________________

③____________________________

(7)考虑自然增强物。

自然增强物是在一般情境中自然就有效的增强物。例如,有些父母给子女特别的点心,或在睡前讲一个故事,或提供替父母做家务的机会等皆是自然增强物。父母提供类似此种自然增强物较之提供糖果、饼干或其他物质性增强物更为容易。同样,老师对他们的学生提供认同,将较提供其他增强物更为省钱及容易。

使用自然增强物的另一优点是,在行为已经建立后,对个体更为有效。在自然情景中,纵使你不再对拟增强的行为继续提供增强,但自然情景中仍有它增强的来源。称赞与认同较之玩具、奖品或其他有形物质对个体出现良好的行为更具增强效果。

许多时候,父母、教师或其他人以非附随的方式提供可能的自然性增强物,而当他们的孩子、学生不为所动时,就会感到困扰、头痛,而被迫采取责骂、唠叨、处罚或其他方式以获得期望行为的出现。

如果老师、父母能在行为出现之后,自然而然地给予增强,如注意、权利或其他增强,则大部分问题都能得到解决。举例说,父母可以用零用钱、看电视或孩子喜欢的事作为增强物,要求孩子们做家事、功课或其他事,而不必诉之于负向的处理。

现在,请用自己的话描述一下何谓自然增强物:

如果你说自然增强物是随手可得的,或是情境的一部分,那么你就答对了。

现在请列出你可能会使用的自然增强物。

①____________________________

②____________________________

③____________________________

由于自然增强物有上述优点,因此你应该考虑多采用。如果它有效,将会比其他增强物更易取得及使用。有时候可能就必须要有刻意安排的

增强物才能有足够的效力使行为建立，但也必须尽量在短时间内转换为自然增强物。例如，老师首先以小饼干、小口果汁作为学生学习的增强物，随后，以赞美、拥抱伴随果汁、饼干出现，到最后，只要有赞美、拥抱等社会性增强物就能增强行为。

(8)选择使用的增强物。

现在你已经列出一些可能的增强物了，它们包括伯麦克原理，问对方想要什么新奇的自然的增强物。现在是为你即将增强的行为选择增强物的时候了。

回想一下前面所提到的七个步骤，然后决定哪一种可能的增强物最适当。选择时，可从增强物的力量、有效性及容易度几个方面加以考虑。

①____________________

②____________________

③____________________

(9)记录行为。

你选好拟增强的行为与增强物后，便可以开始记录行为的出现情形了。记录可以是非正式的，但评量要正确，不论是开始实施增强以前还是以后。这样我们才能确知所做的是否有效。通常我们会采取下面几种评量方式：计算行为出现次数、测量行为持续时间、计算行为结果。简单介绍如下。

①计算行为次数：许多行为是能被计算的。例如，我们能很容易地记录孩子是否准时回家，或学生在班上值日的次数。我们也能计算负面行为，诸如发脾气、怒骂等。记录类似行为最简便而常用的方法就是用笔在纸上划记，口型或腕型计数器也常被使用。

②测量行为时间：记录某些行为最好的方法是测量它的时间。举例来说，一位母亲为儿子每天早上花很多时间穿衣服而大伤脑筋，她开始计算从叫儿子起床到他完全穿好衣服所花的时间。她发现儿子每次穿衣服平均需花近三个钟头。此外，某些行为，如吮手指头、完成工作所需时间或练琴皆可采用时间评量法。

③计算行为结果：有些行为因有结果呈现，故可加以计算。举例来说，父母要知道床铺了没有，垃圾倒了没有，只需看一下床及垃圾桶即可。老师要知道学生完成了多少指定作业，只要看一看作业本就可以了。老板要知道工作是否完成只需查看工作成果即可得知。

在你开始实施增强之前，请就前面提供的评量方式任选…种，以便评量及记录行为。在开始增强后，也要持续记录以了解行为的增强效果。下面的表格是记录一个女孩做家务的五种情形。

这份记录包括行为的计算及每天的总次数，第四栏是让父母写意见以备和咨询员讨论用的。第四天(2月8日)下面的横线表示开始使用增强物。你最好在使用增强物前三四天开始记录拟增强的行为以获得目前的水准。如果你发现这种行为并不像想象中那么严重，可考虑重新选择另一行为作为增强。

请在下面的空白处，写出由记录所获知的行为水准。

如果你增强某一行为达数天之久且感到厌烦，请检查你的记录，看看你的记录告诉你，增强行为有了些什么样的效果?

利用下面的表格记录你用增强物拟改变行为的出现情况。

增强物失灵时可考虑的因素

(1)你在行为出现之后马上提供增强物了吗?

□ 是　　　□ 不是

记住，纵使只是几分钟的拖延都有可能使增强物失效。有些人无法到周末才得到增强物。这时候，你必须在期望行为出现时，就立刻提供增强物。

(2)你的增强物是附随的吗?

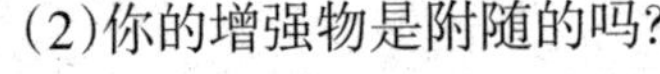

□ 是　　　□ 不是

你确定你扣留了增强物，直到个体的行为出现以后才给吗?如果孩子无论是否表现某种行为都能得到增强物，那孩子将会很快学会不做反应。

(3)在目标行为出现时，你是否每次都增强?

□ 是　　　□ 不是

为了建立较高层次的行为，必须经常提供增强物。在更换增强物之前，可尝试更频繁的增强，看看是否有期望的结果产生。

(4)如果你确定你的增强物是伴随行为而生的，而且你总是在行为出现后立即提供，那么就要考虑使用不同的增强物。请记住，只有在行为增加时，增强物才称为增强物。

如果你觉得你必须考虑使用其他的增强物，可将它们列出来。

(5)尝试增强物样本。可能的增强物有时不见得有效，这是因为使用者对它们不熟悉或不曾使用过。某研究中指出，老师为了引发学生的阅读动而为他们讲述书中最精彩的部分；某人在教了某种新游戏之后，告诉他们在做完分内工作后能玩更久的时间，这些都是增强物样本的应用。也许你也可以提供一些增强物样本，并告诉他“如果你还想要，你可以得到，只要你做这个。”

请和你的同伴讨论更改增强物的适用性。如果你决定更换增强物，请继续记录行为并指出从何时开始使用新的增强物。

婴幼儿的可能性增强物

(1)口语上的社会性增强物。

“好宝宝”、“乖娃娃”、“好棒”、“好能干”以及哼唱童谣等。

(2)身体上的社会性增强物。

亲吻、视线接触、拥抱、微笑、大笑、用下巴抚摸、呵痒等。

(3)物质性增强物。

闪亮的东西、电动玩具、音乐玩具、绒毛玩具、水、果汁或牛奶等。

(4)活动性增强物。

唱歌、摇晃、坐婴儿车(车子、脚踏车)、荡秋千、骑在大人肩膀上或背上、坐在高椅或婴儿椅上看人等。

学龄前儿童的可能性增强物

(1)口语上的社会性增强物。

①特别的赞美。

②间接赞美(告诉其他人他们如何如何好)。

③建议的字眼或语句:

"是的"、"很好"、"对的"、"很棒"、"好的"、"嗯嗯"、"继续做"、"oK"、"很美"、"做得很好"、"我喜欢它"、"好工作"、"我很高兴"、"我以你为荣"、"告诉我们你怎么做的"、"你很有礼貌"、"很高兴看到你"、"再做一次给我看看"等。

(2)身体上的社会性增强物。

拥抱、亲吻、视线接触、呵痒、眨眼、握手、抚摸、丢到空中、轻拍背部、跳上跳下、吱吱叫、捏鼻子等。

(3)物质性增强物。

玩具、气球、书本、拼图、杂志、喜爱的点心、零用钱等。

(4)活动性增强物。

到图书馆、公园、动物园等任何特定户外场所玩,和爸妈一起做事,和朋友玩,和爸妈睡,听音乐或故事(唱歌),玩沙箱或秋千,和祖父母或喜爱的成人共度夜晚,饲养宠物的机会,玩游戏(和爸妈捉迷藏),手指游戏,对着录音机讲话(听录音机),到外头吃饭、吃点心、看电影,穿爸妈的衣服或化妆(女孩),玩黏土或陶土,在浴缸里玩较久的时间或免于洗澡一次,和大人一起坐车或骑脚踏车,延长睡觉时间,看电视、去外面(白天或晚上),帮大人拿包包,代币增强物,帮助煮饭或选菜、帮忙浇花……

5~11岁儿童在家的可能性增强物

(1)口语上的社会性增强物。

①特别的赞美。

②非直接的赞美(告诉别人他做了或完成了什么)。

③建议使用的字眼或语句:

"是的"、"OK"、"好的"、"很棒"、"好答案"、"棒极了"、"很不错"、"美极了"、"真新鲜"、"完全正确"、"答对了"、"满分"、"的确是"、"正是如此"、"继续"、"反应很快"、"妙极了"、"当然"、"你真聪明"、"我很高兴"、"谢谢"、"真高兴你在这里"、"你真叫我高兴"、"你表现得很好"、"我真以你为荣"、"我

们好想你”、“你好体贴”、“告诉我，那个怎么做”、“我喜欢那个”、“这是最好的”、“没有人做得比你更好”、“让我们把它摆在……”、“把这个给爸爸(妈妈)看看”等。

(2)身体上的社会性增强物。

拥抱、亲吻、视线接触、握手、点头、oK、竖大拇指、微笑、摸头、做鬼脸等。

(3)物质性增强物。

玩具、脚踏车、三轮车、宠物、书、拼图玩具、食物、自己的房间、衣服、乐器、溜冰鞋、滑板、自己的小收音机、个人用物品(吹风机、梳子、字典)等。

(4)活动性增强物。

和爸妈玩游戏，和爸妈在一起，特别的外出，读书，晚上和朋友或亲戚在一起，在特殊的日子装饰房间或屋子，帮助爸妈做家务(煮饭、扫庭院等)，喂小娃娃，推迟上床时间，购物，在外用餐，计划一天的活动，看电视或听音乐，免做家务，使用电话，上才艺班(如音乐、舞蹈、美术班)等。

(5)代币制增强物。

在纸上贴星星、扑克牌、零用钱等。

5～11岁儿童在校的可能性增强物

(1)口语上的社会性增强物。

①特别的褒奖。

②非直接的褒奖(告诉某人他们做了什么或完成了什么)。

张贴照片(本月优秀学生)、张贴学生作品、图示进步情形、愉快的笑脸、在作业簿上写大红的“甲”、告诉家长他的良好表现、在纸上写正向的评语等。

③建议使用的字眼或语句：

“是的”、“好”、“OK”、“很好”、“很棒”、“太好了”、“真聪明”、“好能干”、“太美了”、“我好高兴”、“真令人满意”、“好极了”、“继续做吧”、“完全正确”、“答对了”、“好主意”、“好答案”、“你做得真好”、“谢谢”、“我真以你为荣”、“你说得真好”、“我喜欢你那样说”、“我很高兴有你这样的学生”、“好

学生”、“告诉我们你是怎么做的”、“没有比这个更好的了”等。

(2)身体上的社会性增强物。

微笑、点头、目光接触、身体接触、OK棒、竖大拇指等。

(3)物质性增强物。

食物、选择教室的座位、特别的笔、球或其他校内的体育器材等。

(4)活动性增强物。

当班长、组长、值日生、小老师、纠察员,到图书馆看书,有自由时间做喜欢做的事(如到活动角、听音乐、看书、写东西、拜访朋友),免做功课,提早回家,发作业,念故事给同学听,免打扫教室,当司仪等。

(5)代币制增强物。

分数、笑脸、星星贴纸、特别的纸、荣誉卡等。

12~14岁儿童在家的可能性增强物

(1)口语上的社会性增强物。

①特殊的褒奖。

②开玩笑。

③建议的字眼或语句:

“太好了”、“好极了”、“很棒”、“好清爽”、“我以你为荣”、“我喜欢你的行为”、“你真体贴”、“你真细心”、“你让我好高兴”、“你帮了不少忙”、“你真能干”、“告诉我们你怎么做的”、“你真用功”等。

(2)身体上的社会性增强物。

微笑、目光接触、身体接触、点头等。

(3)物质性增强物。

喜爱的食物、点头、衣服、书和杂志、录音机、音响、录音带、唱片、邮票、脚踏车、电动玩具、吹风机、自己的房间、小饰物、百宝箱、置物柜、运动器材、自己的宠物等。

(4)活动性增强物。

和朋友一起参加活动,上特别的才艺班(如音乐班、体能班、美术班等),溜冰,滑板,骑车,打电话,玩音响,选择自己上床的时间,和朋友一起

郊游，赚钱的机会，看电视选台的权利，家庭会议上当主席，参加夏令营或暑期活动，留自己喜爱的发型，和同学一起郊游，和父母讨论，参加学校活动，和同学在外用餐、看电影等。

(5)代币制增强物。

分数、钱等。

12～14岁儿童在校的可能性增强物

(1)口语上的社会性增强物。

①特别的褒奖。

②开玩笑。

③非直接的褒奖(如告诉他人孩子做了什么或完成了什么)。

④建议使用的字眼或语句：

“是的”、“很好”、“做得不错”、“好极了”、“很棒”、“很干净”、“再做一次”、“你做了很好的选择”等。

(2)身体上的社会性增强物。

微笑、点头、目光接触、竖大拇指等。

(3)活动性增强物。

有时间到活动中心，听唱片、录音带、收音机，阅读课外书，户外活动，选择座位，微小老师或干部，免做家庭作业等。

(4)代币制增强物。

分数、荣誉卡、画圈圈。

15～18岁青少年在家的可能性增强物

(1)口语上的社会性增强物。

①特别的褒奖。

②开玩笑。

③非直接的褒奖(如告诉他人孩子做了什么或完成了什么)。

④建议使用的字眼或语句：

“好的”、“不错”、“好极了”、“很棒”、“做得很好”、“你真聪明”、“我很高

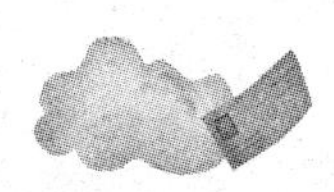

兴”、“那是令人骄傲的事”、“加油”、“你可以做得更好”、“你很体贴、细心”、“你表现得很好”、“我以你为荣”、“继续做”、“你的房间好干净”、“你整理得真好”、“你很自觉”、“你的建议很好”、“你有什么看法”、“请你给点建议”等。

(2)身体上的社会性增强物。

微笑、目光接触、点头、身体接触等。

(3)物质性增强物。

书籍、娱乐器材、体育用品、乐器(如吉他、风琴)、音响、工具、摩托车、脚踏车、打字机、唱机、电视、自己的电话(如电话分机)、衣服、吹风机、梳妆台、喜爱的食物、钱等。

(4)活动性增强物。

烹饪,设计全家的旅游活动,开汽车或摩托车,看电视,看电影,听音乐,和朋友用电话长谈,参加音乐会或户外活动,参加同学聚会,和朋友聊天,在外用餐、逛街、购物,和朋友一起郊游或在朋友家过夜等。

(5)代币制增强物。

分数、点数、钱等。

15~18岁青少年在校的可能性增强物

(1)口语上的社会性增强物。

①特别的褒奖。

②开玩笑。

③非直接的褒奖(告诉别人孩子的表现)。

④建议使用的字眼或语句(大致与中学生同):

“噢!”、“好极了”、“真不错”、“很有见地”、“很特别”、“这个目标很好”、“你很用心”、“我认为你做得很好,继续加油”、“我喜欢这样”、“我真高兴你在班上”、“你的看法如何”等。

(2)身体上的社会性增强物。

微笑、点头、目光接触、竖大拇指、OK的手势等。

(3)活动性增强物。

到图书馆看书，参加社冈活动，户外活动，选择座位，听音乐，看课外书，看杂志或报纸，免做家庭作业等。

(4)代币制增强物。

分数、点数、荣誉卡等。

父母应该知道的事儿

通常，我们都必须试过两三种可能的增强物后，才能找到确实有效的增强物。如果你能遵照本手册的建议去做，一般说来，通常都会一举成功。

拥有选择与使用增强物的能力使我们的生活更具效率与满足感。

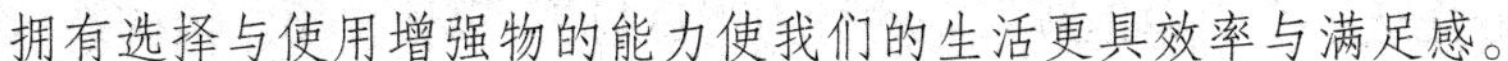

忽视法的运用

步骤一：界定或明确指出拟改变的行为

第一个步骤是很明确地决定到底要改变哪个行为。因为忽视法的策略是要减少不良行为的发生，所以确定欲改变的行为是什么，是很必要的步骤。在我们的社会里，对那些易引起我们不耐烦或生气的行为，通常我们都很注意，因此应去确定哪些是我们希望对方继续出现的行为，以鼓励这些行为能持续下来。好的行为定义必须能回答下列问题：何人、何事、何时、何地。也就是，到底是谁的什么行为，在什么时候或什么地方要被改变。以下面的例子加以说明。

金老师是一位刚开始教书的小学四年级老师，她常被班上的一个学生激怒，这个学生名字叫做爱雯。她经常不声不响地走近金老师的桌子，问金老师一些作业的事，或寻求金老师对她所做的事的赞许，甚至告诉老师一些她认为很重要的事。金老师经常被她吓一跳，也恼怒她未经许可就擅自跑到教室前面来。

金老师其实是很喜欢爱雯的，爱雯是个好学生，而且长得很可爱。而金老师也知道爱雯很喜欢她，或许这就是爱雯常跑到桌子前面的原因，所以金老师也有些不忍心去斥责爱雯的行为。但是，金老师发现爱雯的这个行为不但未改且愈来愈厉害，造成对金老师很大的困扰，她必须想想办法了。

要金老师去界定所要改变的行为时，她决定“当爱雯在课堂上未得到老师允许即走向前来到老师桌边问功课、说话或做其他任何事情时”，都是要被改变的。你要“爱雯举起手来，且得到老师允许，她就可走到老师的桌子旁”。这是一个好的行为定义，因为它已经回答了何人、何时、何事、何地等问题。爱雯是主要的人物，你要她在课堂上（何时），改变未经许可地走到老师的桌子旁（何地及何事），我们就可运用忽视法来改变爱雯的行为。

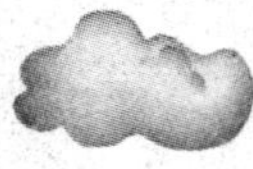

试着以你自己周围的人为对象，运用忽视法来改变他的某个行为，不过最好先选一个简单但颇重要的行为当做目标，以使你第一次的尝试即能成功。

何人？

何事？

何时？

何地？

步骤二：测量行为

第二个步骤就是要了解我们所要改变的行为发生程度如何。要这样做的原因主要有三个：

第一，你可能会发现你所要改变的行为并不如你所想象的那样恼人。当然这样最好，此时，你可能就需要另外再确定要改变的行为。

第二，测量出最初行为的发生程度如何，为日后提供一个可供比较的标准，让我们了解到底所要改变的行为是否真的已经改变了。这在运用忽视法时尤为重要，因为在运用这个策略之初，所有欲改变的行为都会先变得更糟，然后才慢慢转变成我们所期望的样子。所以如果你能了解忽视法的特质，那么你在观察行为的变化时，更能接受此种曲线的变化。

第三，如果你能从测量行为的发生程度中看到欲改变行为的变化及进展，那么你就会更易于记住常去注意另外那些我们希望出现的行为。所以，在运用此方法时，不仅要忽视所要改变的行为，也要记住去注意那些我们所期望出现的良好行为。

（1）计算行为发生的次数。

测量行为发生的程度有许多种，其中最普遍的方式就是计算行为发生的次数，如，小孩发脾气的次数、学生打扰老师的次数等。最原始的计算方式是在白纸上以笔画记。例如，当爱雯每次未经准许就走到桌子前面时，她就在事先准备好的纸上画下一个记号，到当天下课后，金老师就可以迅速计算出当爱雯未经允许擅自走到教室前面的次数。

(2)计算行为持续的时间。

对于有些行为，测量它发生的次数并无太大的意义，此时，我们可以测量它持续}的时间有多长。例如，仔仔睡前吵闹的行为，除了可以计算吵闹所持续的时间外，陈太太还可以计算仔仔每次吵闹所持续的时间。因为仔仔也可能每晚只吵人一次，可是每天吵闹不休的时间:不尽相同，可能只有一分钟，也可能延续到十五分钟之久。因此，记录仔仔吵闹行为的时间是较有意义的。计算行为持续时间的工具很简单，可以用秒表、手表或挂在墙上的时钟都可以。

大部分行为都可以借由计算次数及持续的时间予以测量。

写下你自己预定要运用忽视法来改变的行为，以及你所测量到的行为的发生程度。记住，在正式开始运用你的改变策略之前，仔细地测量出其起始行为的发生次数是非常重要的。

(3)记录行为。

你的记录可记在白纸或直接记在日历纸上。记录持续时间的长短，取决于所欲记录行为的性质以及我们是否已获得足够的资料了。如果你已确定获得此记录行为的平均发生次数或平均持续时间，你就可以为所测量到的行为发生程度下一个定义：平均而言，这个行为每发生一次，或持续多少分钟(多少小时)，多少天。

步骤三：设定行为目标

在测量出行为的发生程度后，接下来要做的就是设定一个行为的目标。例如，吴先生已测量出儿子每天向他啰唆小事的平均时间，则他可以为自己设定一个目标——每天儿子向他啰唆的时间必须降低到五分钟以内。有了这样的衡量标准，吴先生就可以有的放矢地实行忽视法了。

试着描述你为自己设定的行为目标是什么。

步骤四:决定使用何种忽视法

在正式运用忽视法来改变行为时,必须注意下列重要事项:

(1)一旦开始运用忽视法后,必须要贯彻始终,不可半途而废,否则不但会失败,还有可能对对方造成伤害。

(2)你必须做好心理准备,运用忽视法后,在它转变成良性行为之前,会有一个变得更糟的阶段。

(3)当你开始运用忽视法后,对方会开始出现一些攻击性行为,如骂人、打人等。

(4)在实施这个策略之前.你必须先周详地思考一下可能会出现的问题,试想一下可能的解决方法,以便未雨绸缪地顺利运用此行为改变的策略。

(5)此策略的实施有许多方式,你必须选你能力可及的那一种。

(6)你可能需要妻子(或丈夫)给予你必要的支持及回馈,以帮助你坚持实行这个计划。

(7)在你故意不注意某些行为以减少这些行为的时候,必须同时特意去注意那些你想要对方增加的行为表现。

苏先生和苏太太对他们四岁的女儿苏小真简直不知该怎么办才好,苏小真脾气很坏,且愈大愈坏。他们曾试着和小真讲道理,但是没有用。偶尔,他们也想在她发脾气时不那么轻易地让步,但是,这样只会引来小真更可怕、更强烈的脾气。他们曾带小真去小儿科医生那检查,却没发现任何毛病,所以后来大多数时候,苏先生和苏太太在小真发脾气时,就随其所欲,尤其是苏太太更是宠得小真无法无天。直到最近,小真变得愈发不可理喻,简直胡闹到了极点,以致苏先生开始怨恨他女儿的行为举止,开始动手打小真的屁股,但是,这样的惩罚仍然只带来小真更厉害地大哭大闹。

苏氏夫妇还发现,在公众场合或有友人来访的时候,小真胡闹的行为尤甚,他们简直是束手无策了。后来,他们几乎不敢邀请亲友来作客,也鲜被别人邀请。最后,苏氏夫妇只好向心理专家求助,请教如何来处理这个

棘手的问题。

这位心理专家——戈博士在了解情形之后建议他们运用忽视法的策略来减少小真乱发脾气的行为。同时，在苏氏夫妇开始运用此策略之前，戈博士预先协助苏氏夫妇做了一些准备。

首先，戈博士协助苏氏夫妇先对小真的暴怒行为下一个较清晰的定义，然后教他们去测量小真乱发脾气行为的"基准线"。此时，苏氏夫妇很惊讶地发现，小真发脾气的次数是一周内五次或六次，也就是小真每天发脾气的次数并不像他们原先所感觉的那么频繁。此外，他们在测量"基准线"阶段所收集到的资料显示，小真每次发脾气的行为平均持续三至五分钟，也不如他们感觉中的那么长。不管如何，苏氏夫妇感觉到这种乱发脾气的频率，仍然是不能忍受的，因此，他们必须学习如何避免引发小真胡闹行为的技巧。他们把目标定在每周最多只能有一次胡闹行为。

(1)接受不良行为会先增加的现象。

戈博士在协助苏氏夫妇做一些事前准备的同时，也郑重地向他们说明，运用此策略最大的特点就是，在开始阶段那些不良的行为会有突然上升的趋势。也就是小真在苏氏夫妇开始实施忽视法后，会更加暴怒，也会增加乱发脾气的次数。这是一个过程，必须去接受它。

戈博士同时向苏氏夫妇说明了此中的原理。在小真第一次发脾气时，可能并不强烈，但是，如果父母此时刻意地注意小真的行为，同时满足小真的要求，那么小真学习到的就是：下次要什么东西，用这种方式来要最快，所以小真发脾气的次数及强度就会愈演愈烈。如果父母偶尔决定不满足小真的要求，小真会试着用更强烈的方式来表达她的不高兴及要求，譬如大哭大叫，甚至乱踢、乱咬，等等。如果父母在此时又放弃了立场，顺从了小真的要求，小真在当中就又学到了另一种不良态度：下次不顺意，要采取更强烈的行为才能达到目的。所以，现在苏氏夫妇将要开始运用忽视法，小真的行为在开始时一定会比以前过分。

也因此，戈博士再次向苏氏夫妇强调，在开始运用该策略之前，一定要认真测量及记录小真的行为，他说："唯有好好测量及记录小真的行为变化

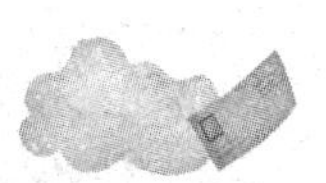

情形,才能提供她未来会变得符合理想的信心!"他又补充说明:"因为你们从小真先变坏的情形可以了解我的预测是正确的,只要你们继续坚持下去,就会按我们原先所期待的那样发展,之后就会达到我们想要实现的目标。"

(2)特别注意良好的行为。

此外,戈博士还告诉苏氏夫妇,除了要忽视那些不良的暴怒行为外,也要对小真一些有礼貌的良好行为予以特别的注意及赞赏。为什么呢?因为运用忽视法只能让对方减少那些不良的行为,却不能让他(她)出现良好的行为。所以,一旦他(她)的良好行为出现时,我们给予特别的注意及赞许,他(她)就会学会多去表现那些良好的行为。所以,戈博士特别提醒苏氏夫妇,当小真提出一些无理的要求,而他们拒绝了她,可是她并未发脾气,这时一定要抓住机会予以鼓励,并马上告诉小真:"爸爸妈妈最喜欢你这样子了。"

(3)忽视法的演练。

为增加苏氏夫妇的信心及熟练度,戈博士建议他们三人以角色扮演的方式练习表达忽视法的使用。

开始时,苏太太扮演小真的角色,苏先生扮演他自己,戈博士则是观察记录者。下面就是演练的经过。

小真(四岁)的角色是:你的父亲刚刚讲完了一个故事,而你要父亲陪你一起玩游戏,但是父亲想看他自己的报纸,所以并没有答应和你一起玩,于是你开始大哭,踢他,尖叫,捶胸顿足。

苏先生的角色是:你已经花了30分钟为小真讲了一个故事,而你现在告诉她你想看报纸,明天你会再讲另外一个好听的故事给她听,然后不管她多么反应激烈,你都不要理会她。

戈博士的角色是:引导双方进入情境,同时,教导他们应该表现的行为,最后予以回馈。

(4)角色扮演记录表。

下面的表格可以检查当他们三个人(苏先生、苏太太及戈博士)在扮演

小真、父亲及观察记录者的角色时，是否已表现出应该有的行为。

从上面的记录表中可看到，戈博士观察到苏先生在扮演他自己的角色时，很快进入了情境，把每个应该有的行为都表达得很好，只是他的行为通常都超过五秒钟后才开始反应。例如，苏先生在拒绝了小真要他陪她玩游戏的要求后，还继续听小真讲话，看小真。

之后，他们三人交换角色，戈博士扮演苏先生的角色，苏先生扮演小真的角色，苏太太则扮演观察记录者的角色。在演练过程中，戈博士无法抗拒小真对他微笑，因此他无法做到面无表情、泰然自若的这个行为要求。戈博士扮演小真，苏先生则扮演观察记录者的角色。结果，苏太太几乎做到了所有的行为要求。

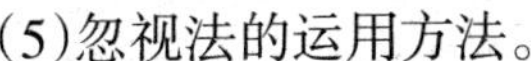

(5)忽视法的运用方法。

在戈博士的协助下，苏氏夫妇列出了一些可以表达忽视法的方法：

①每当小真乱发脾气的时候，即使小真说话也不回答她，直到她脾气消了为止。

②每当小真正在发脾气的时候，绝对不看小真，直到她脾气消了为止。

③转过身去。

④走出去。

⑤走到另一个房间，并关上门。

⑥走到院子或阳台去，或从院子里走进室内。

⑦假如在公众场所，走开或走到车子边(但要暗地里看她，以确保她的安全)。

⑧如果有亲友来访，事先和他们说明，并请他们协助表达忽视法的行为。

(6)一旦开始，态度必须贯彻始终。

苏氏夫妇很努力地遵守他们所列出来的行为表现，但是他们也发现有些时候他们实在难以坚持到底，尤其是在公共场合或有亲友在场的时候。无论如何，他们仍然决定与其将来忍受永无止境的吵闹不休，还不如现在多忍耐一下别人的议论纷纷及瞪视。因此，苏氏夫妇仍然贯彻他们的态度

表现。

不过，他们也收到一些亲友的掌声。当知道他们在用忽视法改变小真的行为后，亲友们也认为那对小真是最好的办法，同时鼓励他们坚持到底。

此外，记录中的资料也给了他们一些信心，尤其在第12天的时候，暴怒的次数及强度都开始减少及降低了。自那时起，小真乱发脾气的行为一直在减少，并且如戈博士所预测的，暴怒行为停止了，且几乎完全消失了。苏氏夫妇开心极了。几个星期后，小真几乎没有再乱发过脾气，这比原先一周至多一次的目标还要理想。小真看起来更快乐，而苏氏夫妇也自小真出生后，真正地享受到了家庭和睦。

步骤五：决定选用哪些改变的方法

在上面一节，你已看到苏小真的父母事先如何选用适当的改变方法来协助小真改变行为。在你自己的改变计划中，你将选用哪些方法来实行你的忽视法呢?

把它列下来：

①____________________________

②____________________________

③____________________________

你至少要列出：往别处看的行为，泰然自若的面部表情，不回答的行为，在五秒钟内行动等方法。

你可以找你的配偶、朋友、指导者一起以角色扮演的方式来练习你预定要表达出的忽视法的行为。开始时，由一人扮演那个要被改变行为者，一人扮演那个计划要去改变别人行为者，一人扮演观察记录者。每演练完一次，三人角色轮流对换，直到三个人都有机会演练三个不同的角色行为为止。

描述欲改变别人的角色及其行为情境。

请设定一个情境，以描述下列角色。

目标人物运用忽视法的人。

记录者：导演角色扮演，同时提供反馈。

(1)注意期望出现的行为。

忽视法如果能和"系统性的注意与赞赏"策略并用,则效果卓著。亦即故意不理会那些不良的行为,但对那些良好的行为要予以特别的注意及赞赏。

请列出一些在行为改变计划中,你期望对方出现的良性行为。当它们出现时,你会以微笑、和对方说话、注意对方及接近对方等行为来表达出你的注意。

①________________________________

②________________________________

③________________________________

(2)运用忽视法的适当时机。

相信你已经知道什么时候运用忽视法最恰当。试回答下列问题:

①当你决定运用忽视法后,什么时机出现这种行为最恰当?

②当不良行为出现后,你必须在多长时间内表达出不理会的行为?_秒。

③如果你回答,一旦对方出现不良行为,你必须在五秒钟内表达出不理会的行为,你就答对了。

复　习

到目前为止,你已经知道忽视法的行为改变步骤。我们试着复习一下。

复习一:界定或明确指出拟改变的行为。

请描述你想改变的行为。(请参阅步骤一)

对谁?

改变什么?

何时?

何地?

复习二:测量行为。

请描述你所测量的行为的出现程度?(请参阅步骤二)

复习三:决定使用何种忽视法。

请描述你预定选用哪些方式来实行忽视法的行为改变策略?(请参阅步骤四)

复习四:什么时候开始行动。

描述你将何时付诸行动?(请参阅步骤五)

复习五:对良好的行为给予特别的注意。

请列出你希望对方能出现而你也会给予注意的行为。(请参阅步骤五)

复习六:可能的问题。

请列出在你开始运用忽视法时,可能发生的问题。(请参阅步骤四)

如果继续此策略,可能会发生哪些问题?请列出:

如果对方在大庭广众之下大闹的话,你将如何处理?

实行计划

如果你很认真地研读本节的内容,同时研习每个练习,相信你已具备开始运用忽视法的条件了。但是在你开始之前,再提醒你一个重点,在你要去改变对方的某一行为之前,不妨先和孩子说清楚。你只需向他们说明一次,但是要以郑重其事的态度表达出来,然后从那一刻起,你真正地忽视他们的那个特定的行为。例如,你可以说:“对不起!我不想再继续讨论了!”或“我从现在开始不想再听你的闲话了!”或“你说的事情我不太感兴趣,让我们换个话题吧!”

如果你在开始运用忽视法之前,能向孩子说清楚你的意图,则孩子会了解,是他们自己的行为引起你的故意忽视。而且如果你能贯彻你的态度,每当孩子表现出特定行为时,你便故意不理会,那么对孩子由此学到,再向你争辩、哀求、讨好都是没用的,只有表现出理想的行为,才能获得你的注意。

向孩子事先说明的另一好处是,让孩子了解你只是不想理会他们的某个特定行为,而不是不理睬他本人。于是,他们也会很快地了解,只要他们停止表现那个不良的行为,你们之间的关系会马上恢复如昔。所以,事先向孩子说明你的行为改变计划要比不向孩子说明来得有效。

不过，凡事都有些例外，有时在一些陌生的社交场合，以不事先说明为宜，你只要故意不去理会某些无聊的行为，它自然会消失。如果你想在改变对方某个行为之前，事先向孩子说明你的改变计划，你会如何措辞？

父母应该知道的事儿

在测出基准线后，你仍然必须继续测量行为的改变情形，以了解你所运用的行为改变策略是否奏效。

对方的行为表现如何？

在行为改变初期，那些不良行为是否更糟糕？

在何时对方的不良行为才开始减少的？

在你坚持实施此行为改变策略的过程当中，你最感到困难的是什么？

你是否准备运用忽视法去改变其他的行为？

□ 是　　　　　□ 不是

如果是，是对谁？

什么行为？

何时？

何地？

忽视法可以运用于大部分情况，但偶尔也会遭遇到施展不开的时候。例如，离家出走不可运用忽视法；又如，有些已习惯运用一些破坏性行为来吸引大人注意的孩子，他们经常在生气时猛撞自己的头或乱丢玻璃杯等危险物品，这种对孩子本身或财物会有重大损失的情况，均不宜运用忽视法。在这些例子里，运用隔离或过度矫正可能较为适当。

“过度矫正法”的运用

自我矫正和过度矫正的原则

(1)对自己的行为负责。

当我们的行为造成他人的烦恼或引起争执时，当事人本身就应负起责任。这时我们可借着改变情境而减轻他人的愤怒；也可借过度矫正的方式向受害者表示歉意，并显示我们有挽救的决心。

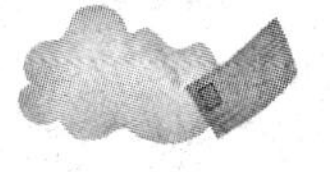

(2)过多的协助。

造成孩子不负责任行为的主要原因是父母凡事都想帮小孩处理。婴幼儿时期当然需要父母亲照料一切事物,但是随着孩子的成长,如果父母亲还不肯放手让孩子学会对自己的行为负责任,那他们将永远学不会什么叫负责尽职。这个道理也同样适用于成人,例如,一个全心全意去讨先生喜欢的太太,将使做丈夫的视她所做的一切为理所当然,而不知感激。自我矫正与过度矫正即可重新培养这种责任感。

(3)当指责产生不了作用时。

另一个造成孩子违规犯错行为的原因是,大人只会用批评指责的态度或用留级等方式来处理孩子的问题,但是有些孩子对这两种方式都无动于衷。相反,由于自我矫正与过度矫正要花去犯错者许多时间与心力,因此,无形中亦让这些人做事更小心,而且所花的时间心力和将来的成效一定成正比。这就是过度矫正比单纯矫正更有效的原因。

(4)使用过度矫正的长远好处。

我们要知道,另一种时间的因素也许是造成孩子不负责任行为的原因之一。例如,当小孩忘记把玩具归位时,做母亲的或许认为她自己去收拾,要比要求小孩将玩具收拾好来得省事些。以单一事件来说,也许这次时间是节省下来了,但从长远的角度看,如果这位母亲使小孩学会负责的态度,将来替她节省的时间也许更多。

因为母亲既然把玩具拿走了,小孩就没有动手收拾的机会,长此以往,小孩会变得越来越不负责任,大人也跟着更加生气。其实聪明的母亲只要在每件事情刚开始时,花几分钟时间督促孩子养成自我矫正的态度,往后就可为自己节省更多的时间了。

(5)以建设性的反应代替生气或罪恶感。

当小孩拿了别人的东西或是弄坏了别人的物品时,大人的指责和惩罚也许会使他内疚,但是那个东西却不会因此恢复原样;而如果我们使用自我矫正法,却可使小孩自动地物归原主,赔偿等值的东西,或修理损坏的部分。这样一来,大人及受害者就不必生气或处罚孩子,而小孩也就不会有

罪恶感了。

自我矫正和过度矫正的实例

(1)针对幼儿的自我矫正和过度矫正法。

冬冬今年四岁,他很好动,可是常常将自己的东西东落西忘的,最令人气愤的是凡是他行经之处总有些纪念物留下。例如,他会让房门大开,把外套随手扔在沙发上,客厅里有他的运动鞋,而棒球和球棒更是玩完了就丢在客厅里,完全无视大人对他的提醒、警告和惩罚。他妈妈每天就跟在他后面替他收拾这收拾那的,根本没有时间做其他的事,因此对冬冬的行为感到非常头痛。

于是她和先生商量,决定使用自我矫正和过度矫正法。他们告诉冬冬,以后不再跟在他屁股后面替他收拾东西,而且只要一发现他又乱丢东西,不管当时他正在做什么,都必须停下来把东西放好归位才能继续下去。不只这样,当时只要家中任何一样东西位置不对,他就必须使它归位,直到爸妈满意为止。冬冬的父母跟他详细说明这些新规定后,他们还示范表演了一次,直到冬冬完全明白为止。

连着两天冬冬都表现良好,周围的一切都是干净整齐的,但到了第三天,因为他赶着看一个电视节目,于是又忘了把房门关好,衣服和玩具又散了一地。冬冬的妈妈当场把电视关掉,然后要他把门关好并且将东西收拾好,接着又要他清理烟灰缸、整理沙发垫直到客厅看起来干净舒爽为止。冬冬的妈妈这回没有用骂的方法也没有用威胁警告的口气对他。因为冬冬动作太慢,结果他想看的那个电视节目,他只看到最后的五分钟。

第四天他又忘了关门,可是这回他在妈妈发觉前就赶快去把它关好了。从此以后,冬冬就很少再要别人提醒他做这做那的,而且每次他收拾完毕都会叫妈妈来看看他的工作成果。

(2)学校中使用的自我矫正与过度矫正法。

曼华是个四年级的学生,她经常因为无法按时交作业而成绩较差。在她连续两个月一直没有改善迟交作业的情形之后,曼华的老师告诉她,如果她再不按时完成功课,那么下课时间她就必须待在教室里,而且必要时

还要请她放学后多留十五分钟来写作业。另外，她还必须完成同一单元的额外作业，这就是过度矫正的方法。老师与曼华详细讨论细则并且回答了她所有的问题，直到她同意为止。为了确定曼华是否了解新规定，老师还问了她有关的细节问题。

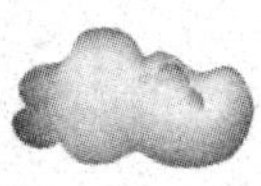

在经历两天没有课余时间及放学后被留下来的经验后，曼华开始准时交作业了。曼华的习惯养成，妈妈也是功臣之一，因为老师在跟妈妈沟通过后，妈妈在家里也利用过度矫正法，使曼华在晚饭后就开始做功课而不是拖延到睡觉前。

上面提到的事件，使我们了解了矫正和过度矫正法不仅可以减少不良行为，还可改善被不良行为破坏的情绪。接下来我们将更详细地分析过度矫正的原理原则，以及如何利用它处理不同的问题。

过度矫正的定义

过度矫正可以说是：

(1)创造一个比错误或困扰产生前更好的情境的一种方式。

(2)避免困扰情境产生的方式。

(3)借额外加倍的心力弥补某人造成的损失。

(4)以立即行动的方式表示闯祸者无意伤害他人或造成对方的不便。

试用自己的话写下过度矫正是什么及它可达到的目标。

过度矫正：________________________________

过度矫正可达到的目标：____________________

根据你自身的经验，描述某人使用过度矫正法的情形。

根据你的记忆，写出一种该用过度矫正，结果却没用的情形。

针对违规行为实施矫正

在使用过度矫正时，我们要注意什么类型的错误应使用何种过度矫正，否则矫正就和处罚没什么两样了。小孩犯错后，如果大人揍他、骂他、不给他好脸色看，或是剥夺他的权利，这些惩罚最多只能让孩子知道他做错了事，但却仍未学到究竟该怎么做才对。试就以下问题情境判断下列处

置是单纯矫正、过度矫正还是惩罚。

孩子过了睡觉时间一小时还不睡，父母的反应是：

(1)因不听话而责骂他。

☐ 处罚　　☐ 过度矫正　　☐ 单纯矫正

(2)不准他第二天去看电影。

☐ 处罚　　☐ 过度矫正　　☐ 单纯矫正

(3)要他第二天晚上提早一小时半就寝。

☐ 处罚　　☐ 过度矫正　　☐ 单纯矫正

(4)揍他。

☐ 处罚　　☐ 过度矫正　　☐ 单纯矫正

如果第(3)项你选择为过度矫正，你就答对了。第(1)、(2)和(4)项的答案都是处罚。下面是一些过度矫正的范例：

问题：孩子吃东西时，打翻汤匙里的食物。

范例：①小孩自己清理打翻的东西；②小孩继续进食完，但只用1/4满的汤匙吃。

问题：孩子把借来的东西弄丢了。

范例：①要孩子花一小时去寻找失物；②以另一价值相等的物件赔偿失主。

问题：父母发现小孩从商店里偷东西。

范例：归还该项物品，并且从他(她)的零用钱中提出额外的数目作为赔偿。

问题：孩子在学校欺负弱小的同学。

范例：要求孩子一星期之内每天替五位同学服务，并且要向老师报告。

问题：哥哥给自己的妹妹取难听的绰号。

范例：母亲要求哥哥说出妹妹的十项优点，并向她道歉直到她不生气为止。

单纯矫正与过度矫正的比较

单纯矫正是指改正问题的情境，而过度矫正是指除了单纯矫正达到的

效果外，它还可使得改善后的情境比原来的更好。举例来说，假设你不小心在宴会中打破了一个花瓶，如果用单纯矫正的态度，你大概会将一个相类似的花瓶摆回原位。但是如果你采用过度矫正的话，你就会买一个比你打破的那个更好的花瓶来还给主人。

在下列范例的情境中，请写出什么样的行为是单纯的自我矫正？何种举动又属于过度矫正？

例一：

妈妈要儿子放学后到杂货店去买一些牛奶，可是他却忘了她交代的这件事。

她可能会采用的单纯矫正法：________________________

她可能会采用的过度矫正法：________________________

正确的答案是：要小孩去杂货店买回牛奶是单纯矫正法；而过度矫正法是不但去买牛奶，回来后还要帮妈妈做些其他的家务，如摆碗筷、吸地毯、洗碟子等。

例二：

有一个爱赖床的小女孩，每天到了该起床的时间，总是要赖上15分钟，而如果她真的赖成了，当天上学一定会迟到15分钟。因此她的父母决定给她来个矫正法。

他们可能会采用的单纯矫正法：________________________

他们可能会采用的过度矫正法：________________________

做母亲的可能会用一种简易的矫正方法，就是要小孩第二天提早15分钟起床。而过度矫正法却要求她提早30分钟起床或是晚上早一点睡觉。

通常当问题并不很严重，或该项行为并不经常发生，或只是在无意中犯下过失，或者该行为并不会严重烦扰别人时，用单纯矫正法就足够了。但是如果我们认定该问题是重要的、累犯的、有意的或造成他人严重困扰的，那么就必须使用过度矫正，以期受害者不会再受该问题行为的干扰。举例来说，如果有一个小男孩不管母亲怎么叮咛，他老是把衣服丢在客厅里，而这个坏习惯看来用单纯矫正法不会奏效，因为单纯矫正只是让他停

下手边的活动去收拾衣服而已,如果采用过度矫正的话,他就必须收拾散落在客厅中的其他物件。

在下面的例子中,请你说出到底要用单纯矫正还是过度矫正,并且说明理由及可用何种矫正方式来解决问题。

例三:

一个男孩故意引起争端并且把另一个小孩打得流鼻血。老师在询问事情经过后,认定他是蓄意伤害,因此要求他改正此行为。她归纳出问题所在是身体流血须妥善处理,并且受害者心里很不舒服。

较好的处理方式:☐ 单纯矫正 ☐ 过度矫正

陈述你的理由:________________

就此种矫正方式而言,你可能会采取的行动是什么?

因为这个小孩的行为是故意的,所以采用过度矫正是正确的。肇事的小孩必须负责流鼻血的小孩治疗,且要再三保证不再伤害对方,并且还要做一些特别的事来补偿伤者。接着请你看看下面的一些例子并且回答问题,如果你对答案有疑问的话,请和你的指导老师商讨。

例四:

某小孩在离开房间后忘了随手关灯。父母曾再三告诫这个孩子为了节省能源,必须随时注意将不用的灯关掉。这个小孩一向能遵守这个规定,但这次因为太匆忙而忘记了。

较好的处理方式:☐ 单纯矫正 ☐ 过度矫正

陈述你的理由:________________

你可能采取何种行为?

父母应该知道的事儿

运用自我矫正和过度矫正的练习,从下面的习题中练习做做看。

练习一:

当孩童洒落食物时应用的自我矫正或过度矫正法。

每一个小孩都会偶尔把东西洒出器皿,或者不小心没拿稳而将牛奶或食物掉在地上而弄脏了地板。如果孩子还小,通常父母就自己清干净。但

等孩子稍大,你不妨用下列的程序来处理:

(1)在事情发生前跟小孩约法三章,如果把东西掉到地上必须自己清理。

(2)你故意把食物打翻,然后马上清理,边示范边讲解。

(3)让小孩假装自己不小心把东西弄掉,然后要孩子动手清理。必要时,父母可抓着孩子的手示范做一两次。

(4)下次小孩把东西弄掉时,先等两秒钟看他们是否不需提醒就会自动清理干净。

(5)如果孩子没有开始动手,就提醒他(她)去做。但是不要指责他(她)或者表现出生气的样子。

(6)如果清理的工作很困难,提供必要的协助如"来,我告诉你怎么做。"但是不要帮他做。

(7)清理完毕后要夸奖孩子。

(8)依此类推,要小孩整理房间里其他的东西。

(9)每做完一项整洁工作就给予赞许。

请写下事情经过情形:

当孩子把食物洒落时你很生气吗? □是 □否

等孩子清理完食物后你会生气吗? □是 □否

你是否觉得自己动手清理要更简便些? □是 □否

当孩子在清理时,你是否很想动手帮他们做? □是 □否

孩子是否因不会被责骂或处罚而松了一口气? □是 □否

孩子有没有说以后做事会更加小心? □是 □否

如果有,孩子怎么说?

如果没有,你觉得以后他的行为会如何?

就像前面所说的,对孩子违规行为的处理,用过度矫正要比传统的处罚方式更具积极性及建设性,而且这种补救的处理措施会使大人的情绪反应由愤怒转变为满意,同样,犯错者的心情也会由感到罪恶变为如释重负。

练习二:

帮助孩子学习因无意中冒犯了别人而强制自己做的过度矫正。

(1)想一个你尊敬而不愿冒犯的人。

(2)下一次当你因为说了、做了或忘了做某事而触犯了孩子,马上就用过度矫正法,而且你必须选择一种你立刻就能做的方式。

请写下事情经过的情形:

那个人在你采用过度矫正法时是否仍然生气? □是 □否

那个人在你使用这种方式时还生气吗? □是 □否

等你做完过度矫正后,你还会生自己的气吗? □是 □否

起初那个人是否拒绝你提出的自我矫正方式? □是 □否

无论他是否拒绝,你都会做你的过度矫正吗? □是 □否

起初你是否会为自己莽撞的行为辩解? □是 □否

你是否立刻实行过度矫正? □是 □否

"行为契约法"的运用

行为契约看似颇为简单的方法,但是,它仍然有一套基本的运作法则,下面将逐一说明。

选定的目标行为最好是真正重要的

在进行改变计划之前,选定要改变或养成的行为必须是双方都认为相当重要,且相当关切的行为。此外,由于行为契约需要很多的功夫去写出来、监督及执行,因此所选定的目标行为必须是值得如此大费周章的行为。

选定目标行为的方法有很多种,有时有些我们特别在意的问题行为就是我们的目标行为;有时目标行为却不是那么显而易见,而是有数十个行为,需要把这些行为一列出来,然后再依实际需要选定一个目标行为。

第一,首先将双方都认为重要的行为一一列出来,写成一个清单。例如,在家庭会议中,列出一些他们所关切的行为。必须记住的是,先列出一些他们认为对方已经可以做得很不错的行为。

例如,一位王太太先写下她认为儿子士东在平常做得很好的行为,然后,士东也要写下他认为母亲做得好的行为。

士东的好行为：

(1)每个星期都打扫院子。

(2)有整洁的外表。

(3)有好的成绩。

(4)对小弟弟很好。

(5)自觉地把垃圾拿出去。

(6)骑车很小心。

(7)每天都能按时回家,不回家时都会记得打电话。

(8)用钱很节省。

妈妈的好行为：

(1)每天都按时开饭。

(2)每天都洗衣服及把衣服烫得笔直。

(3)工作以补贴家用。

(4)芦笋色拉做得棒极了。

(5)打扫房间并保持房间的整洁。

(6)常带小弟弟去游泳。

(7)浇花。

(8)看士东打棒球。

(9)去市场购买全家用品。

第二,接下来,双方要列出一些认为对方还可以再改进的行为清单。

妈妈认为士东应可再改进的方面是：

(1)每天整理床铺。

(2)多帮忙洗洗碗筷。

(3)将干净的衣服放到衣橱或衣柜里。

(4)把脏衣服放到洗衣槽里去。

(5)不要把教科书放在餐桌上。

(6)如果妈妈晚归,可以帮忙先洗米煮饭。

(7)晚饭后,音响不要开太大声。

士东认为妈妈可以再改进的是：

(1)不要经常为小事唠唠叨叨的。

(2)对士东做得很好的事，应多予以欣赏及鼓励。

(3)不要用电话聊天太久。

(4)常做运动。

(5)常做一些可口的点心，如香蕉奶油派。

(6)洗完澡后要梳头发。

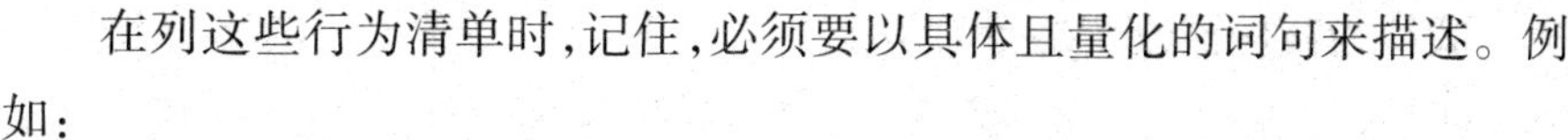

在列这些行为清单时，记住，必须要以具体且量化的词句来描述。例如：

用“按时回家或打电话回来说不回家”来代替“准时”。

用“把干净的衣服放在衣橱或衣柜”来代替“乱七八糟”。

所以，在士东希望妈妈还可以再改进的行为清单中的第4项，可以用“每司散步或慢跑三次，每次两千米”来代替“常做运动”等。

第三，如果你现在想和你周围的某一位朋友或亲人订立行为契约，先写下尔认为那位朋友或亲人可以做得不错的行为(记住，必须具体)：

①____________________

②____________________

③____________________

紧接着，你再列下对方可以改进的行为(记住，写下你真心希望对方表现出来的行为，而不是那些你不喜欢的行为)：

①____________________

②____________________

③____________________

下面是一些问题，可以协助你判断你所列出来的行为是否的确是重要的：

(1)如果对方表现出这个行为，或改掉了这个行为，整个情况真的会好转吗？

(2)这个行为对方做得来吗？

(3)这个是一个常人可以做得了的行为吗?

好,现在对换角色,假如你要表现或改变一些行为,以交换对方的改变,那么会为你自己列出何种清单呢?

我认为自己不错的行为是:

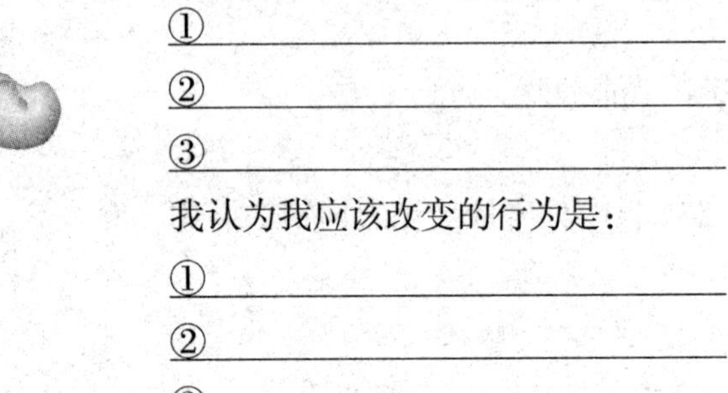

①________________________

②________________________

③________________________

我认为我应该改变的行为是:

①________________________

②________________________

③________________________

在你列出的行为清单中选定一个最重要的行为,作为行为契约的目标行为,并写在下面:

列下一些有意义且公平的增强物清单

就如列下行为清单的原因一样,我们也可以和对方一起列下一些奖赏物的清单。因为,唯有如此,我们才不致选择一个对孩子毫无意义的增强物。

在上述士东的例子中,他列下的增强物清单是:

(1)可以在晚餐后听音乐。

(2)看电影。

(3)给固定的零用钱。

(4)开舞会。

(5)可以晚归。

(6)妈妈以称赞代替唠叨。

除了上面的清单外,也有许多东西可以用来作为奖赏物,如玩具、书籍、衣服及钱等。或者也可以用非物质性的奖赏方式,如一些特权或活动——出去看一场电影或出去餐馆吃一顿。也可以运用一些社会交互活动作为奖赏方式,如和父亲单独去钓鱼或太太及先生每晚睡觉前互相说十分

钟的体己话等。

如果你想进一步了解增强物的应用，请参阅本章中“适当地给孩子尝尝“甜头”增强物的应用”一节。

为孩子列下他可能在乎的增强物清单：

①______________________________

②______________________________

③______________________________

口头契约由于不够具体明确，且未被正式签字认可，因此可能会产生误会或误解。因此，行为契约应该清楚地写出来，并且由你和孩子签字认可。

行为契约最好以正向的词句来描述

写明你希望出现的行为。例如，“小利应该在早上十点钟以前，把进货的次序编列清楚”，会比“假如小利不把进货的次序编列清楚的话”要好得多。又如，“如果小强的数学能及格”要比“如果小强的数学成绩不及格”有意义。

换而言之，我们必须运用“祖母法则”，即“如果你做到……那么你就可以得到……”的方式。

下面是一些要写在行为契约中的词句，我们期望它们是以正向的方式来叙述的。检视一下，如果它们的确是正向的，就在每项叙述下面的答案栏中写一个“对”，如果不是，在答案栏中再试着重写一次。

(1)小杰不肯倒垃圾。______________________________

(2)小杰要在每天下午6:30以前倒垃圾。______________________

(3)如果小珊不能在晚上9:00以前做完功课。________________

(4)石先生要在工作完成后三分钟内记下工作完成的时间。________

(5)阿德不可以再打同班同学或骚扰同学。__________________

(6)小乔在周六下午4:30以前会将院子打扫干净。____________

(7)阿达不再在吃午餐时插队。__________________________

如果你在第(2)题及第(4)题、第(6)题下面写下对，其他的叙述重写，

你就对了。

好的行为契约必须具体，同时包括行为描述及结果描述两要项。

行为契约最好有明显的开始及终止时间

大部分的契约是在双方签字时开始生效，而在契约载明的期限终止。当然，契约也可以依双方的约定或协商而终止，或者在目标行为达成后慢慢失效。

下面是吴老师和丽丽她们班上的同学所签订的行为契约。

在上面的行为契约中，吴老师及班上所有的同学都签了字，然后，把它贴在教室前面的布告栏中，让每位同学都看得到。其中，每个人的交作业记录都一一地以划记的方式记录下来，如此，班上每个同学都可以一目了然，到底谁交谁未交作业。这种格式可以用一整个学期，且包括了客观的记录，因而会很理想。

期望行为出现时立即给予增强物

在长期的契约中，增强物经常拖延很久才‘会出现，这样的情形通常会使契约失去效用，对幼小的儿童而言更是如此。所以与其在完成一个大目标才给予一个大奖，还不如将大目标细分成几个小目标，每达成一个小目标，就先立即给予一些小奖励。以高先生及他的儿子小明为例，每天小明只要做功课的时间超过一小时，则高先生必定答应让小明看电视——这是小明的增强物。除此之外，高先生还提供一个阶段增强物，亦即每次考试成绩如达到约定的标准，即按设定的等级给予不同金额的奖金，这是大奖。

于是，他的儿子每达到一个预定的行为标准，花先生就把脚踏车零件中的一部分交给儿子作为奖励品。花先生不是要求儿子达到最后目标，才交给他一部完整的脚踏车，这也是遵循立即给予奖励原则的一种变通方法。

由于在目标行为出现后，立即予以增强物是建立行为非常重要的原则，因此，增强物如果拖延太久才给，要建立行为是比较困难的。所以，如果行为契约中出现这种不合理的情形，那么契约的内容必须重新协定，至少要到对方的行为已可很自然地出现后，增强物及目标行为之间的时间才

可再稍微拉长一些。

当有所进展时应予以注意并称赞

对一些较年轻的人而言，为了搭起目标行为及增强物之间的桥梁，你必须对他们的努力经常给予注意，并大量地赞美他们，告诉他们，你已注意到他们的努力，而且鼓励他们依据现在的努力程度，他们马上就会获得应有的增强物了。这种社会性的增强，对于青少年是很有效的。记住，为了使行为契约成功，你必须去做任何可使契约发生效力的行为。一旦目标达成，则随之而来的赞赏及增强物会使已达成的目标行为更加坚固，此时，契约就可慢慢消失，甚至可有可无了。

写下一些社会性增强物，以便在目标行为发生后能立即予以增强。

①________________________

②________________________

③________________________

行为契约必须是双方协商的结果

协商是订立行为契约过程中不可或缺的一环。事实上，在一个人要去达成某些新行为或改变某些旧的、不良的行为之前，必须让他感到自己的改变是值得的，如此，契约才会有成功的可能。另外，也必须让提供增强物者感到对方所改变的行为的确对其具有重要性，这个人才甘心提供这些增强物。如果双方在整个协商过程中都能参与，而不是一方权威地把持或决定，那么结果一定是双方都可接受的。但是，如果是父母亲或为人师者单方面决定一切，则虽订立契约，但失败的可能性仍很大，因为另一方可能无法确定其中是否有价值存在。

所以，行为契约的订立最好经过协商过程，而且双方都有机会表达出不同的想法及意见，以修订行为契约。若果真如此，则双方才会认为行为契约是他们真心想要的，也才会乐于执行。

行为契约必须保存目标行为的实行记录

行为契约中所载明的目标行为，最好在实行过程中能一点一滴地记载

下来。如果我们的目标行为定义得够清楚、具体，那么要记录就很方便了。像在本节前面的一些例子，就是把行为表现的结果都记录在行为契约的下半部，这种方法的好处是，双方都可一目了然，且双方都可以很快地了解自己可享有的增强物或应付予的增强物。或者，双方也可以很快地知道目标行为是否被达成了。

下面的样例是一位妈妈和女儿之间的协定。在契约的下半部空出了一些栏位，以保存目标行为表现的记录，并检查目标是否已达到了。

这张契约贴在家里厨房的冰箱上，女儿史密密则利用闹钟来提醒自己。

这个约定后来变成了史密密的游戏，当最后一位家人离开餐桌后，她就拨了闹钟，然后，就像跟时间比赛似的，洗碗筷、擦拭餐桌及清洗水槽等，一气呵成，以免闹钟先响。

结果，除了有两次稍慢以外，其他晚上，她都赢过闹钟。她也获得了更多的时间，可以在床上看喜欢的小说。令人惊讶的是，在行为契约所载明的一个月期限到达后，这种行为仍维持着，她的父母也当然让她保有可以在床上看半小时小说的特权。此时，也已经不再需要重新订立新的行为契约了。

在下面行为契约的样例中，利用后面的空白处，设计可以记录魏豪一个月行为表现的格式。

行为契约慢慢地消失

行为契约最终的目的其实是要使人在自然环境中建立起新的行为后，对它的依赖性降到最低。这也是我们为什么认为在行为契约中，订立的目标行为不要超过一个的原因。因为在新的目标行为被建立起来以后，就需要以自然环境中的称赞或其他随手可得的增强物来奖励维持这个目标行为，那些行为契约所提供的增强物则要慢慢地减少，以期望使这个新建立的行为能在真实自然的环境中慢慢地转移过来。事实上，一旦目标行为已经建立起来，那么减少行为契约中的增强物反而更易维持目标行为。

另外一种减少行为契约影响力的方法是：双方都非正式地点头同意，

一方仍继续表现目标行为，而另一方则不再精密地记录目标行为的出现次数，但仍会按时予以增强。

此时，双方在订立新的行为契约或根本不需订立正式的行为契约上的做法可更自由。因为，双方对于行为契约的订立、记录及执行等细节都已有共识默契，所以是否正式订立行为契约已不是很重要的事了。不过，如果双方在执行非正式行为契约的过程中，仍然时起争执，常为何时应给增强物，何时应出现目标等而出现分歧的话，那么一份正式的行为契约还是很有必要的。

你如何使你所订立的行为契约逐渐消失？

行为契约其实有很多种格式，下面的例子是为能清楚而具体地说明行为及结果而设计的格式。契约中的用词必须直接、具体、简单、明了、易懂，以便人人都知晓它的内容及用途。本章中的其他部分是不需翻印的，但是下面这个格式如果你需要则可无限制影印，以便订立你自己的行为契约。

父母应该知道的事儿

行为契约必须可以一再协商及修订行为契约必须要再协商、修订的原因如下：

(1)已经达成行为契约的目标，或在行为契约内载明的期限已经到了。

(2)目标行为早已达成，于是想提早执行下一个阶段的目标行为。

(3)行为契约根本无法协助对方改变行为。

所以，如果行为契约中的目标行为很快地达成且建立起来了，那么，就该考虑再换新行为契约的内容及目标了。当然，也有这种可能，订立契约的双方都希望旧契约再持续一段时间，修改以后再说，或者只稍作修改，加入一些新的目标行为及新的增强物即可。

另外，行为契约在实行一段时间之后，若行为改善的结果有限，则亦表示行为契约需大幅修改，如所订立的目标行为可能标准太高，不易达成，或者所提供的增强物吸引力不够，对对方无法产生效力，此时，则需修订目标行为的标准或改变增强物，以增加行为契约的成功性。

“积极演练”技巧的运用

辨明需要练习的行为

运用积极演练技巧，首先要确立欲演练的正确行为为何。如果选定的行为并非所需改正的正确行为，孩子会有被处罚的感觉，并非合理且符合需要的学习经验。

例一：用力关门行为。

如果父母想改正孩子用力关门的行为，那么正确的演练行为应为下列哪一种？

要孩子向父母道歉。□　是　　　　□　否

责骂孩子。□　是　　　　□　否

要孩子轻轻地关上门。□　是　　　　□　否

向孩子说明为何不该用力关门。□　是　　　　□　否

要孩子去倒垃圾。□　是　　　　□　否

在上例中，正确的演练行为应为要孩子轻轻地关上门。演练的方式是要孩子走进房间内若干次，每次都在父母的督导下轻轻关上门。这种练习方式可以保证孩子练习正确的行为，此外，额外花费在走进走出，关门开门的时间与精力也会提醒孩子下次小心些。

在整个练习过程中，父母要注意孩子用力关门的原因。如果孩子因进入时用力过猛或松手太快，父母应该特别指导与演练其错误的那部分。或者有可能因门栓太松或太紧等，那么亦应调整以适应孩子的力量与需要。总之，要积极演练技巧鼓励父母及孩子发掘错误的原因所在。

例二：强迫性偷窃行为。

如果一个智能不足的女孩常强迫性地拿养护机构中同住的其他智能不足孩童的东西，那么下列哪些是可以训练她改正偷窃习惯的正确演练行为？

要孩子归还失物。□　是　　　　□　否

要孩子换另一个房间住。□　是　　　　□　否

要孩子整理自己的房间。□ 是 □ 否

要她向别的孩子要东西而非偷。□ 是 □ 否

要孩子说出五个不应偷窃的理由。□ 是 □ 否

要孩子向大人要与所偷之物类似的东西。□ 是 □ 否

在以上测验中,女孩应表现的正确行为是当她想要某件物品时,她应向另一位孩童或大人询问是否可以借用他人的物品。在执行积极演练技巧时,教师们要重复督导她向另一孩童或大人要求分享物品,必要时还应指导她该说些什么及怎么做。这项练习可以让孩子体会到应如何有礼貌并有效地向他人借东西。在整个过程中,孩子可以习得其应该表现的行为。

从另一方面来看,如果仅仅把孩子送往另一间房间,或者要她了解不应偷窃的理由,抑或要她归还失物、清洁房间等都不可能让她学会适当地向他人借东西的技巧。上述这些替代方式虽然也都很费时费力,但却只有积极演练技巧能达成“孩子以后该如何做”的目标。

辨明需用何种行为来做积极演练的正确行为,其重要性可由下例阐明。

例三:踢足球的错误行为。

大明是一个12岁的男孩,上体育课踢足球时颇感困扰。他跑得很快,可以很轻易地追上对手,而且也知道足球的规则与玩法,但是当他要接球时,却常常接不住,总是踢偏了。所以老师常常生气地罚他跑操场10圈,或做30个俯卧撑,或者不让他继续玩。

如果老师要用积极演练技巧来改正大明的行为,他该怎么做?

正确的答案是,老师应该指导大明不断地练习接球。要他跑操场10圈,做30个俯卧撑,或不让他玩,只会让大明觉得懊恼。唯有接球练习才是教导大明正确作法。

因为孩子需要较详细的指导或生理上的协助才可学会正确的行为,所以父母或教师就应该靠近他来督导他演练。最好是能站在他的身旁以便随时给予指导与协助,直到练习达至正确快速的目标为止。

单纯矫正或积极演练

如果问题行为并不严重,或发生率很低,或不是故意骚扰别人的行为,那么单纯矫正可能就足够了。但如果孩子经常性地不收拾自己的衣物,在提醒多次后依然我行我素,这表示单纯矫正或光用口头要求是不够的。所谓的单纯矫正就是叫孩子不要玩了,去收拾自己的衣物,而积极演练则不仅要孩子收拾衣物,而且要孩子收拾好几次,甚至可以要求孩子收拾每个房间。

例一:打破碗碟的行为。

单纯矫正技巧所确立的正确行为与积极演练技巧所要求的正确行为可能不尽相同。例如,孩子打破了碗碟,单纯矫正的要求可能只是要求孩子把它补好或赔一个碟子,但是积极演练则需要孩子练习慢慢地、轻轻地、稳稳地拿住碗碟。

所以矫正的行为与积极演练的行为并不相同,但都很有必要,因此在上例中,孩子不但要学习如何拿碗碟,还要为摔破碟子而做出赔偿。

例二:迟到行为。

有些行为恐怕无法矫正,而只能用积极演练的方式训练。例如,孩子因为快迟到了,来不及告诉父母自己的去处,他们可以写纸条向父母说明自己在哪里、何时会回家,所以孩子可以演练在离家前写纸条放在厨房桌子上的行为。

重复演练正确行为

我们已经了解了积极演练的有效性有赖于充分的学习与花费的时间和精力。如果仅提供一次练习的机会,那么需花费的时间与精力相对就少了,正确行为的发生率当然也降低了,所以积极演练需要若干练习机会。练习的重要性可由下例说明。

举例一个摇头行为的例子。

可欣是一个八岁大的自闭女童。她不会说话,在个别化教学的学习中亦感困难。其中最大的障碍是经常性摇头行为。老师们不知道告诫她多少次了,不要再摇头,也尝试过用忽视的策略,或在她不摇头的短暂时间内

称赞她的良好行为，甚至责骂她或禁止她，但是都没有用，所以就决定采用积极演练技巧。

首先要避免对可欣生气，也就是说决不可施予责骂与处分。其次，要确立正确行为。老师们认为，要可欣的头保持静止状态且能依指令转动是他们的行为目标，所以，当可欣摇头时，老师就坐在可欣的后面，轻轻地扶住她的头约十五秒不让她动，然后叫可欣自己把头仰起保持十五秒左右不动。每次当她摇头时就重复这两个步骤达五分钟之久。在一星期内可欣摇头的次数比从前少了一半，说明积极演练的确有效，但还不能彻底纠正她的行为。

因为尚未达到预期目标，老师们决定延长练习的时间至二十分钟。四天后她已能头摆正不动且参与班级的教学活动了。由于她已能专注于学习，因此进步很快，已升到较高程度的班级中学习。

上例中，能使可欣的摇头行为完全消失的要素是什么？

假如你的答案是“延长练习的时间”，那就对了。

延长练习的时间是否提供了更多的学习机会？

□ 是　　　□ 否

延长练习的时间是否需可欣花费更多的时间与精力？

□ 是　　　□ 否

积极演练技巧是否有效？

□ 是　　　□ 否

你认为可欣是否对做积极演练有些厌烦？

□ 是　　　□ 否

延长练习的时间是否有助于可欣停止摇头的行为？

□ 是　　　□ 否

以上五题的答案都是“是”。

假如所犯的仅是偶发性或轻微的错误，那么可能仅需很短的积极演练时间就足以防止未来错误的发生。但是以上述可欣的例子而言，因为摇头行为的形成已经时间很长而且妨碍了她的学习，所以需要较长的演练时

间。同样,前述的用力关门与无法接球的例子也是如此,需要更多的演练次数与时间,提供充分的练习机会且付出更多的心力与时间。

反之,如果孩子的错误仅是偶发的,譬如偶尔忘记刷牙、收拾食物残屑等,也许一次演练就足够了。

你可以从自己犯过的错误行为中列举两种仅需一次积极演练的行为。

例一:______________________________

例二:______________________________

再从自己犯过的错误行为中列举两种需要多次积极演练的行为。

例一:______________________________

例二:______________________________

错误发生后应立即实施积极演练

积极演练应尽快在错误行为发生后施行。立即施行会干扰不良行为及错误的进行,也可防止未来不良行为再度发生。

以学生的随便讲话与离座行为减少为例,起初,老师要学生在下课休息时才演练正确的行为,结果孩子的不良行为由每天三十次减为每天两次。然后老师改在每次不良行为发生后立即至少实施一次正确行为演练,其余的在下课后演练,结果不良行为再减至一天只有一次发生。另一项立即实施积极演练的好处是使不良行为受到阻挠,防止了不良行为再度发生。

延误积极演练的时间会:

使效率降低。□ 是　　　□ 否

使错误有再度发生的机会。□ 是　　　□ 否

帮助孩子了解为何要练习正确的行为。□ 是　　　□ 否

上述前两题答案为“是”,后一题答案为“否”。

有时,对父母及教师而言,立即实施积极演练确有极大的不便。也许父母与教师当时有事或孩子当时无法实施积极演练。

下列情况就会对立即实施造成不便:

(1)当孩子离家去赶搭校车时发生了不良行为。

(2)快要下课了,老师在一个三四十人的班级中交代家庭作业,发现有一个学生欺负一个个子较小的学生。

(3)当启智班的老师正带着一群学生由一幢教室走到对面另一幢教室时,发现一个学生正在挖鼻孔。

如果有上述情形,愈快实施积极演练愈好,就像前述老师利用下课时间来实施积极演练一般。

在下列例子中,我们应在何时给予孩子积极演练的机会?

当孩子离家去赶搭校车时发生了不良行为。

当老师在大班级课堂上交代家庭作业时,有一个学生正在欺负另一个学生。

当老师带领一群智障学生外出时,看见其中一个学生正在挖鼻孔。

在上述例子中,老师也许没有充分的时间来实施积极演练,但是如果能提供一次简短的练习,不但可阻挠不良行为的持续性,亦可让孩子马上尝到表现不良行为的后果。例如,看到智障学生在挖鼻孔时,老师可要求学生用手帕擤鼻子一次,等到达目的地后再要该学生多演练几次正确的行为。

你如何在下列极短的时间内立即实施积极演练:

(1)在快下课前老师看到学生的吵闹行为。

(2)父母发现孩子在赶车上学前乱丢垃圾在地上。

假如你认为只要先做一次简短的正确行为演练,那就对了。

因为在积极演练过程中需要父母的督导,所以父母或老师需另在方便的时间内安排演练的机会。我们知道立即实施积极演练有时会打断父母或老师的讲课、领队、布置家庭作业、打电话,或其他活动的进行。同样,对学生而言,立即演练也会干扰他们必要活动的进行,如赶搭公车、做作业、做家务等。所以另行安排时间有其必要性。

上述问题的解决之道是:仅需立即给予一次简短的演练,以便及时阻挠或矫正不良行为的发生,过后则需提供大量练习的机会。至于时间的安排,需选择教师或父母方便的时刻,同时也要考虑不影响孩子学习活动的

进行。

对正确反应的赞赏

(1)积极演练过程中给予的赞赏。

当孩子在进行积极演练时，一定要注意给予他们鼓励与赞赏的次数是否妥当。如果父母给予子女过多的赞赏，子女可能会因想获得这些而故意产生不良行为。

例一：如厕训练。

民雄的妈妈用积极演练技巧训练民雄自行如厕。每次只要民雄有尿裤子的行为出现，妈妈一定要他从尿尿的地方跑到厕所，在厕所内脱下裤子，在马桶上坐一会儿，再穿好裤子跑回原位，这样来回练习三十次。每练习一次后，妈妈会给民雄一杯饮料，称赞他并抱抱他，而民雄尿裤子的行为仍持续存在。但当赞美、食物及拥抱都去除之后，民雄的尿裤子行为立即停止了。显然，增强物的运用反而造成了民雄故意尿裤子的行为。

在整个积极演练过程中，我们不能把反馈完全去除掉，因为孩子会不知道他的演练是否正确，所以我们要遵循的反馈原则是：在积极演练过程中仅需给予简单的反馈，而不必给予过多的称赞与奖赏。用很自然的态度告诉子女做得完全正确或有哪些地方需要改进就足够了。

下面这个例子说明了在积极演练过程中适当给予赞赏的时机与分量。

例二：适当的进食行为。

这是针对一岁儿童的一项适当的进食训练方案。机构人员要学童们达成的目标包括：单手拿杯子，而用另一只手去拿食物或放在膝盖上；要他们用刀叉而非双手抓食物；使用适当的餐具进食；在口中食物嚼食完毕后再吃另一块食物；紧紧抓住餐具，不致让食物外溢；把餐巾放在膝上；如果吃到嘴巴外或衣服上要擦干净。

当方案完成后，虽然大部分学童都已能适当进食，但仍有数位学童有错误发生。为了要确定学童是否已能自动自发地正确进食，训练人员在每次进餐时会来回巡视，称赞与抚慰能正确进食的学童。

当训练人员发现有学童犯错时，会立即要求该学童演练正确的进食行

为，且以避免过多称赞的方式来反馈他们的演练，使学童不致以故意犯错制造演练机会来获取赞赏。

当学童用双手举杯喝牛奶时，训练人员会告诉学童这是不对的，并要学童演练数次单手举杯放在口旁的动作，口头指令相当简捷，仅需说："拿起杯子靠近嘴巴"及"对了!"就够了，不必抚慰、过分称赞及用其他奖赏。在每次演练过后，再重复一次所有的口头指令，不要让孩子在每次演练时都喝杯内的牛奶，只需用单手举杯靠近嘴巴即可。

同样，假如错误是发生在食物外溢方面，也要学童练习数次用汤匙盛物靠近嘴旁的动作，口头指令亦仅需说："舀一点点"、"对了!""再试一次"，不必给予其他的称赞与抚慰。

(2)对自发性正确行为的赞赏。

前述的一些例子中阐明了一项使用积极演练技巧的重要原则：那就是当施行积极演练技巧前，要对孩子自发性的正确行为给予赞赏。

例一：家庭作业。

当父母或教师决定针对孩子不写家庭作业的行为做积极演练时，他们必须对孩子偶尔自动自发地写完功课行为给予增强。

例二：偷窃行为。

在要孩子演练与他人分享或偿还失物给失主以代替其偷窃行为之前必须对他自发的哪些行为表示赞许。

例三：骂人行为。

当孩子有责骂、侮辱同学的行为，而教师或父母想用演练称赞与欣赏他人的行为来代替之前，他们必须在每次孩子自动自发地表现正确行为时立即给予赞赏。

父母和老师会找哪些具体行为或言辞来加以赞赏，请举例。例如：

帮助他人。

仪容整洁。

适当的餐桌礼仪。

分享物品。

如果能对孩子自发性的正确行为给予适当的增强，也许积极演练对某些孩子就不再需要了。

例四：不自觉行为。

积极演练技巧常被用来去除一些教养机构重度智能不足孩子无法控制的不自觉行为，包括摇摆身体、摇头晃脑、摸鼻子和自伤性行为等。在积极演练的要求下，这些智障者必须要维持身体、头、手等各部分长时间端正不动，只有在正常状况需要时才可以移动身体的各部分。

在施行学生正常状况下才可移动的积极演练之前，指导者必须开始持续地对学生正常的摇摆行为给予增强，这样可以先降低学生这些奇特、不自觉行为的出现率，甚至有部分学生会因此而不再出现这些行为。频繁称赞与酬赏自发性的正确行为，可以减少需积极演练的次数与时间。

下述两例说明了在实施积极演练时，应如何配合赞赏发生的正确行为。

洗手行为：父母用积极演练的技巧来训练孩子餐前洗手行为。有一次孩子自已在餐前洗了一次手，父母在此时该如何做或说些什么？

吼叫行为：一位老师要班上一位爱大声吼叫的学生演练说话柔和的行为。在演练过后一小时左右，老师注意到这位学生已能小声对另一同学说话，以避免干扰班上其他同学。此时老师应该怎么做呢？

(3)向孩子解释积极演练技巧。

在实施积极演练方案之前，要向孩子解释怎样才是正确的反应、为什么希望他有这种反应，以及应有哪些结果。对重度智障者可能还需用手势指导以便于理解，所以解释或示范一次是有必要的，这不但可使学生在积极演练的过程中更顺从，而且不致有反抗心理。解释的最佳时刻是在实施积极演练的前一天，这样可以让孩子有充裕的时间能自动自发地改善他们的行为。

可用来增进与幼童合作关系的一个方法，是向他们解释积极演练是一种游戏，譬如“看看我”游戏或“练习才会完美”游戏等，到时需示范解说给他们看，还应让他们在错误尚未发生前先演练数次正确行为，如此当错误

真正发生时，幼童也会较易合作。

父母应该知道的事儿

假如孩子拒绝做积极演练，可能是因为这种技巧被误认为是一种处罚。积极演练与惩罚是截然不同的。或许因为积极演练需花费较多的心力与时间，才让孩童有被惩罚之感。为避免这种误解，父母及教师尤需特别注意惩罚与积极演练的差异。

实施积极演练前，要向孩子解释实施的原因，而且至少需在一天之前解释。

逐步养成策略的运用

逐步养成可以使一个人获得新能力及表现得熟练与完美。许多人都能运用逐步养成并自其中获得收益。一个希望拓展社会参与的商人，一个有学业困扰的学生，一个有发展障碍而正学习课业的孩子，都能通过逐步养成来改善他们的状况。逐步养成成功的案例，使得教师、父母以及管理者对它有相当不错的评价及正向的态度。

逐步养成创造力

创造力、领导能力也能经由逐步养成而培养。举例来说，坎培尔及威尔士有些研究指出，经由逐步养成的方法大大提高了32名五年级学生的写作能力。写作能力是从创造力的三个要素——精密性、变通性、流畅性三方面加以评价的。首先，他们以代币及正向回馈增强学生的精密性，学生所呈现的讯息及细节较基本所需资料更多者；其次，增强变通性——观念、思考的变通较优者；最后，增强流畅性——不同而适当的反应或构思的总量越多者。经由这种增强及逐步养成的过程，学生写作时的精密性、变通性及流畅性都较以前提高了很多。

逐步养成孩子戴眼镜的行为

小威现在三岁，是一名住院的重度残障儿童。他的人际互动能力很低，爱发脾气，有饮食及睡眠方面的问题，兼有严重的视力障碍。他不戴眼

镜时形同盲人,但却不肯戴眼镜。

工作人员为了让他戴眼镜,在房间内四处摆放没有镜片的空镜框,以便利他随时取戴。任何时候,只要小威碰到镜框,就可以得到食物。在小威碰镜框的行为增加后,他被要求拿起空镜框才能得到增强物。接下来的步骤更困难了,为使小威能正确地戴好空镜框,工作人员在镜架后面加装一条松紧带,以免从耳上滑落。最后,小威只有在正确戴上配有镜片的眼镜时才能得到增强物。训练的结果相当理想,大部分时间小威都能配戴眼镜。

逐步养成的十个步骤

逐步养成主要依赖二者的互动,被训练者的行为决定逐步养成的进行速率,而训练者则视被训练者的行为而提供新的学习目标。这一连串塑造新行为的互动过程可大略分成十个步骤。事实上,整个过程是行为与反应的持续而不间断的连锁。而一个成功的逐步养成训练计划大致应包括以下十个因素。

(1)以明确的语言界定起始行为与目标行为。

逐步养成的第一个步骤是对起始行为与目标行为做明确的叙述。概括性的观念,诸如"良好的卫生习惯"应改写成"整洁的头发、干净的手指、干净而平整的衣服"等。

以小威为例,起始行为为"进入训练室时会看眼镜",而终点行为为"醒着时,会拿而且会正确地戴上眼镜"。

(2)指出对方目前所具有的最接近目标行为的行为。

在小威的例子中,接触眼镜被视为目前最接近的目标行为。

(3)增强目前的行为。

即使此行为和目标行为仅有稍许相关也应该给予增强。增强物应以选择对方所需要或所喜欢的东西为宜。每当小威触摸镜框时,就能得到一小片他所喜欢的饼干作为增强。

(4)对那些和目标行为并无明确关系的行为应不予增强物。

给予增强时应加以判断,如果某一行为和先前的行为相比,并不相等

或更好，则不予增强。

当小威走到放置眼镜的附近，却只碰触其他东西时，便不给予增强。

(5)增强那些更接近目标行为的行为。

增强那些更接近目标行为的行为，停止增强先前已增强而较不类似目标行为的行为。

现在小威要拿起镜框才能得到增强，在这之前，他只要能触摸镜框就能得到增强。

(6)提高增强的标准。

当更加近似目标行为的行为以某种经常性开始出现时，应提高增强的标准。

当小威拿起镜框并摸弄它时，给予增强以便他能轻易挂在耳朵上。

(7)继续增强任一有关的新行为。

每当小威将眼镜拿向脸并架上鼻梁时都会得到增强。

(8)继续控制增强物，不增强和终点行为无直接关联的行为。

小威把眼镜拿下来时，无法获得增强。

(9)提高增强的要求度，直到终点行为完全被建立为止。

当小威正确地戴好眼镜并透过镜片看东西时，才能获得增强。

(10)增强所有的终点行为，直到此行为经常出现为止。

一整天中，只要小威戴好眼镜就能获得增强。

逐步养成对初次使用者而言，可能会有些困扰，因为原先受增强的行为在有更接近终点目标的新行为出现时就不再被增强。以小威为例，训练第一天，他只要触摸眼镜就可以得到增强，但随着训练的进展，只有更进一步的行为(拿起眼镜)才能得到增强。

简而言之，逐步养成是教导新行为的一种过程，在此过程中，先增强和终点行为有关的第一步，然后一点一点地提高增强标准，直到新行为建立为止。换句话说，逐步养成是增强逐渐接近终点行为的一连串过程。

现在，请用你自己的话在下面描述逐步养成的过程：

____

逐步养成行为的方法

塑造行为的方法很多，以下简介数种：

(1)延长做某事的时间(如弹琴)。

延长行为的关键，是当某行为维持一小段时间后即予以增强。慢慢地提高标准，必须维持较长的一段时间后才能给予增强。

试举一个你认为可维持较长时间的行为例子。

(2)缩短线索出现后行为产生的时间。

我们所要反应的线索往往来自其他人或周围的事件。举例而言，一个空的咖啡壶提醒秘书准备更多的咖啡；一阵突然的风，使得我们去关闭门窗；泼溅的咖啡，使得我们去擦拭它。我们可教导孩子更有能力去辨识这些讯息并尽快采取应对措施。请写出孩子反应的线索及适当的反应。

(3)增加行为频率。

如增加问安、阅读、写信、捡纸屑的次数等。有时某些行为的出现频率既低又无绩效。

(4)改变原来的反应形式。

举例而言，一个孤僻的学龄前儿童首先被增强的，可能是和其他小朋友在同一个院子玩的行为。接下来，是在小朋友旁边自己玩，最后是和小朋友分享玩具与游戏。逐步养成往往属于这种类型的行为改变。即，教师或训练者以渐进的方式，从不太类似于终点目标的行为开始一步步朝期望的目标迈进。这个过程就像一堆黏土，在未经陶工捏搓之前，我们无法知道它会变成花瓶还是茶壶。同样的，一个动作笨拙、不优雅，但胸怀大志的芭蕾舞演员也可能成为舞台上耀眼的明星。现在请试举一个可经由改变形式或状态而塑造的行为。

(5)增强反应的力量或强度。

在杰克逊及华莱士(Jackson&wallace)的报告中，有一个15岁大的重度障碍女孩。她几乎不开口说话。开始训练时，只要她发出微弱的声音就可得到她要的东西，接下来，她必须发出稍微大一点的声音才能得到东西。经由这样不同的增强标准，她从一开始的耳语声进步到清晰可闻的程度。

下列反应中，哪些可以经由改变反应力量或强度而加以塑造？请选出两项。

关车库门。

答好数学题目。

开动剪草机。

如果你选择的是关车库门及开动剪草机，那你就答对了。

例一：

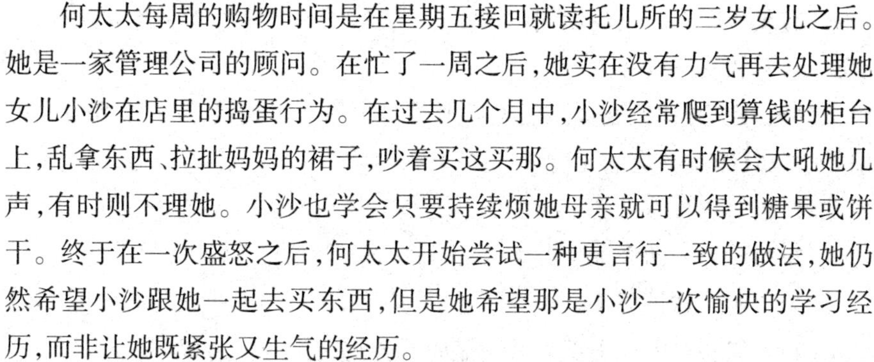

何太太每周的购物时间是在星期五接回就读托儿所的三岁女儿之后。她是一家管理公司的顾问。在忙了一周之后，她实在没有力气再去处理她女儿小沙在店里的捣蛋行为。在过去几个月中，小沙经常爬到算钱的柜台上，乱拿东西、拉扯妈妈的裙子，吵着买这买那。何太太有时候会大吼她几声，有时则不理她。小沙也学会只要持续烦她母亲就可以得到糖果或饼干。终于在一次盛怒之后，何太太开始尝试一种更言行一致的做法，她仍然希望小沙跟她一起去买东西，但是她希望那是小沙一次愉快的学习经历，而非让她既紧张又生气的经历。

何太太决定逐渐延长在店里的时间，并且在小沙帮忙挑选不同食物的时候奖赏她。此外，何太太也打算，若小沙在店中没有要求买任何东西，那么在她们回到车上时，她将给她一个奖赏。第一天晚上，何太太把这个新办法又提醒小沙一遍，并鼓励她做妈妈的好帮手。何太太和小沙一起挑选了新鲜的水果、肉、马铃薯、牛奶。幸运的是，她们在出口结账时并没等多久，整个购物在10分钟内就完成了。结果，小沙获得了一个吹泡泡的玩具。接下来的一周，购物花了15分钟。其后，购物花了22、30、40、50分钟。小沙不再哭闹，变成妈妈的小帮手了。

小沙的哪一个行为层面被塑造成功了？

(1)延长反应行为的时间。

(2)缩短做出反应的时间。

(3)改变原来反应的形式。

如果你的回答是延长反应的行为，那么你是对的。因为何太太主要是

希望延长小沙和她在店铺购物的时间，而且不乱拿东西，能帮妈妈挑选食品。

例二：

当小华的球队以2:24败给对方时，十岁的小华悻悻地急速走离球场，教练要孩子们向对方球队挥手致意，小华却不愿意。

小华在运动员精神的哪一方面需加强塑造？

(1)延长反应行为的时间。

(2)改变原有的反应形式。

(3)增加反应次数。

以渐进的方式改变原来的反应形式对小华而言是最好的，下列方式可引导小华具有运动员的风度：

(1)走向对方球队。

(2)和对方一两个球员握手。

(3)和所有球员握手。

(4)不但和对方球员握手并且能向对方每一位球员道贺。

订定逐步养成方案的目标

在可能的情况下，训练者与被训练者应共同建立目标。一个志愿参加网球或美术班的人，往往较被迫参加者更易从中获益。同样，如果在指派工作给一个人前，先让其决定自己的喜好，则这种职业技能将更容易被塑造。对一个无法表达自己需要的人，例如，还不会说话的孩子，在确定目标时，应建立基本的沟通技巧，以让其尽早参与目标的选择过程。

目标陈述要明确，在陈述目标时，要使用行为动词。举例而言，明珠会分开白色和有色的衣服，维泽会丢球，子宣会加法，能够把5以内的一排数字加起来。目标行为在何种情况下会产生，这也是目标陈述中重要的一个部分。举例来说，给明珠一堆脏衣服，明珠会将白衣服和有色衣服分开；给维泽一个球，维泽会丢球；给子宣一张算术练习纸，子宣会算5以内的加法。

最后，目标陈述中尚需包括成就标准。例如，给明珠一堆脏衣服，明珠会毫无错误地将白衣服和有色衣服分开；给维泽一个球，维泽会丢十尺远；

给子宣一张算术练习纸，子宣会在个位数加法的题目中做对百分之八十。成就标准主要是告诉我们在训练结束时要做到多好或多正确。若一个目标能包含行为动作、情况、标准，则训练者就很容易达到训练效果。而且由目前状况到下一个状况也较易有稳定而快速的进展。

父母应该知道的事儿

选择目标时重要的考虑点是所选择的行为以在正式塑造计划结束后仍能持续获得增强者为宜。教一个社会性退缩的孩子参与合作性活动，可以有来自同伴、玩具或游戏设备的增强。同样，基本技能如走路、阅读、说话等，也易由不同来源变得增强。个人和社会性的技巧可由来自他人的回馈，以及邀往愉快的情境而获得增强。

另一个有关的考虑是选择目标时，应以教后即能在日常生活中应用者为主。这些行为可包括使用公共交通工具、准备餐点、使用电话或打扫房间等。经常的练习机会、偶尔的增强，往往就足以维持经由逐步养成而建立的行为。

“隔离”策略

选择隔离的对象

在家庭中，隔离策略常有效地用在2~12岁的孩子身上；在养护机构中，则适用于任何年龄、任何类型的有发展障碍或行为问题的孩子；在运动场上，则能有效地用于队员。

对孩子而言，和他们约法三章往往比隔离更为有效。但偶尔将他们同电话、音响、电视隔离开来，效果较好。

另外一个常见的误用隔离的现象，是对青少年的停学处分。对缺课、抽烟或有其他不当行为的学生予以停学，不如让他们有更多机会和所喜欢的外部世界接触。要减少青少年的非期望行为，与其停学，不如将他们放在学校某间完全无趣的房间内独处一段时间，这样更为有效。

隔离对有自我刺激行为的孩子是不适当的。有些孩子花很多时间做晃手、摇头等类似自闭的行为。他们会认为隔离是一种增强，因为在隔离

时，他们更可以在无人打扰的情况下专心做自我刺激的行为。

现在，请将你打算运用隔离技巧去改变行为的对象名字、年龄，以及与你的关系写在下面。

姓名：____________________________

年龄：____________________________

与你的关系：______________________

现在你已选出拟用隔离改变行为的对象，接下来就是指出行为了。

界定明确指出拟改变的行为

第二个步骤是，明确决定拟改变的行为是什么。由于隔离是为了减少行为的出现，因此必须明白指出你不希望看到的行为。这通常不会太难，因为我们大都易于忽略好的行为而留意那些令人不悦或烦恼的行为。在采用隔离策略时，明确指出哪些是拟减少或维持的行为是一件相当重要的事。

对于一个我们想运用隔离法去改变的行为，所下的定义必须包含四个要素：谁、什么、何时、何地。也就是说，要明确指出谁的什么行为，需要在什么时候以及什么地点隔离？

林太太担心她和五岁女儿小莉的关系。林太太经常叱责或打小莉，尤其是在痛打小莉后往往因为自责及沮丧而暗自流泪。可是小莉并没因为经常受罚而有改进，反而越来越不合作。妈妈要她往东，她偏往西，并常拿走三岁弟弟正在玩的玩具，或推他、踢他，以至弟弟常哭着去找妈妈。林太太和她先生常为小莉的事起争执。林先生怪罪林太太对小莉不是太严就是太松，但他自己不见得会管教孩子。

当林太太被询及她最想改变的行为是什么时，她的回答是小莉的反抗性及敌对行为。经过简单说明，林太太进一步界定，反抗性行为是：在她下指令的五秒钟内，小莉表现出不理睬，或说“不”、“我不要”或其他负向的回答。林太太决定记录小莉起床后对她所发出的前十个指令的反应情形。

这是个好的界定，因为它包含了上述四个要素。小莉是谁，在五秒钟内没有或拒绝对妈妈的指令作出反应是“什么”，每天早上起床后的十个指

令是“何时及何地”。

练习明确指出拟改变的行为。

请就下面例子明确指出隔离的目标行为。

陈老师是某教养机构的老师。机构中有一位九岁的智障男孩——凯凯。他不会说话,也不会反应他人的指令。虽然陈老师认为凯凯可以学语言,但每当带凯凯到语言治疗室时,凯凯就趴到椅子上或跑到陈老师的座位旁,以至于陈老师无法进行教学。凯凯常常笑或挥他的手,陈老师若不理他,凯凯就抱住陈老师的腰部,笑着或发出一些喉音。陈老师发现凯凯这种行为是为了吸引人注意,而且他也知道这种行为持续下去对他的教学妨碍很大。

请写出陈老师可以明确指出以及改变的行为。

谁?

什么行为?

什么时候?

什么地方?

你是否明确指出了陈老师想削弱的行为? □ 是 □ 否

如果你回答“是”,很好!你是否回答了谁、什么行为、什么时候及在哪里? □ 是 □ 否

请记住,在界定行为时尽量避免使用标记名词,诸如敌意、不合作、固执、攻击等。因为这些标记对不同的人往往具有不同的意义。

现在请你描述一下,你拟利用隔离改变的行为(请选择一个单纯而重要的行为,而且最好是你有把握成功的行为,因为这是你的第一次练习。)请 记住,只选一个,也许你想改变的行为有很多种,但先选一个就好。

评量所选择的行为

现在是你了解拟改变的行为出现频率的时候了。它之所以重要主要是基于下面两个理由:

第一个,有时候你会发现你想改变的行为不如想象中那般严重。这时你必须重新界定一个行为,作为隔离削弱的对象。

第二个,评量行为可帮助你知道这一行为是否真的有所改变。如果你在开始时就评量,你就可以知道行为从什么时候开始减少,这将鼓舞你继续采用隔离直至成功为止。

(1)计算行为的次数。

评量行为有几种方式。常用的方式是每当行为出现时就加以计算,如打架、回嘴、不服从、生气、吵架等行为,可以在每次出现时,用笔在纸上划记,然后再计算总次数。

有位老师记录某个学生未经许可擅自离座的行为。他在手腕上贴一布条,在上面划记后再转记于日历上。

(2)计算行为的百分比。

有时我们感兴趣的是行为的出现率。在前面例子(林太太和小莉)中,林太太评量小莉在她每天最初发出的十个指令中表现出多少适当的反应。她的计算方式很简单,10次中有4次即为40%,10次中有3次即为30%,10次中有6次即为60%。如果有一天妈妈只对小莉发出6个指令而小莉表现适当的行为有3次,则出现率为3÷6=50%。

(3)计算行为的时间。

有时候了解行为持续的时间比了解出现的次数更为重要。例如,父母想知道孩子吵架的时间有多长而不是有多少次,这时候就必须记录它的时间。记录时可用秒表,但手表或其他定时表也都可以用来记录行为持续的时间。

下面的例子是妈妈记录女儿每天晚餐后洗碗盘所花的时间。

大部分行为都可利用上述三种方式加以评量。

现在,请写出你拟用何种方式评量拟改变行为之水准,以便了解隔离对此行为是否有效(请记住,在改变行为之前确知行为水准是非常重要的事)。

为了便于你的伙伴(或指导者)了解记录,请把你记在纸上、日历上或其他地方的资料转记在下表中。

记录需持续一段时间以获得行为的平均值。在你有足够的资料后,请

说明行为的平均水准。

决定终点目标和隔离地点

当你完成行为评量后，下一步骤就是确定终点目标。举例来说，老板在意他的秘书一天喝几次咖啡，因此他决定如果她一天喝三次以下就算有相当改进了。现在请指出你所选行为的最终目标是什么？

你已界定拟减弱的行为并对目前水准做了评量，接下来要考虑的就是如何使用隔离了。

在选择实施程序之前，请先考虑下面几点。

隔离的方式虽有很多种，但最有效者之一，是将某人移至一个少有机会做别的事、看别的东西，或得不到任何趣味及奖赏的地方。在家中，浴室通常是最好的隔离室。因为它既小又不像卧室、玩具室或厨房一样有那么多有趣的东西。有时候卧室也可当做隔离室，因为它没有电视、玩具或其他可玩之物。在学校，一间工作室、教师办公室或特别教室都可用来作为隔离的场所。在教室中，角落或离同学较远的座位，甚至拿走学生桌上的玩具或暂停参加活动都是隔离。在运动或游戏活动中，让参加者暂停参加活动或叫其站到会场的一角；在机构中，特殊小室、卧室或治疗室都是不错的隔离区；在公司中，把职员调到他不喜欢的工作岗位或在较少刺激的环境中工作，也是隔离的一种。

不管选择哪种场所，都必须符合下列要求：

(1)它必须是安全的。

举例来说，如果浴室中有药品、刮胡刀或其他可能会引起伤害的东西就必须先拿走或放在高处。房间的一角、走廊或操场的特定区域，只要我们确定别人或别的小孩不会接近的地方就可以作为隔离区。在隔离时，我们要把注意力转移到别人身上。当你单独和孩子相处时，你可移走孩子的玩具或正在做的东西，然后走开或离开房间。你选择的场所是否适合，依你所拟改变的行为增加或减少而定。

(2)它必须远离玩具、游戏、音响或其他可能引起兴趣或乐趣的东西。

(3)它必须光线充足且易于监视。

隔离场所不可以太暗或太小以至吓坏孩子，而且必须容易监视才行。后者对学校或机构而言尤为重要，因为尚有其他孩子需要照顾。如果你不能亲自监视就必须安排别人监视。这也是为什么利用教室一角作为隔离区最为方便的原因。

(4)选择隔离的场所。

你所选择的场所必须经过安排，以便孩子容易进入，并且能待上一小段时间。它必须是孩子能在短短几秒钟内就能进入并且不需口头命令的场所。

请就你所选作为隔离的场所，回答下列问题：

①隔离的地方叫做：______________________

②它安全吗？ □ 是 □ 否

若不安全，你将做什么安排使它变得安全？

____

③它是否让人觉得在里面很无聊？ □ 是 □ 否

若感到无趣，你要怎样处理，让在里面的人感到有趣？

____

④它是否够亮或够熟悉以至于待在里面也不会感到恐惧、害怕？

□ 是 □ 否

⑤它是不是一个容易进去而且只需一点指令就可以做到的地方？

□ 是 □ 否

请和你的指导者一起讨论，如果对方认为你所选的隔离所是适当的，那么你就可以准备进行了。

一定要选择有用的环境

现在你已经决定谁的行为是你拟改变的，什么行为是你要减少的，以及哪里是隔离的场所，接下来就可进行了。但是，在开始前，你一定要先有把握，它可以从你或环境中得到增强。因为，隔离是把孩子从玩玩具和做活动的注意力中分散开，若孩子原本就被忽视或根本就没有吸引他兴趣的玩具，活动或东西，那么采用隔离一点也不会奏效。

一个人在不被隔离时，对其有效的增强物是什么，请列出来。

是否有什么东西可让你把环境安排得更具增强力？

□ 是　　　　□ 否

若是，它们是些什么？

____

决定隔离时间的长短

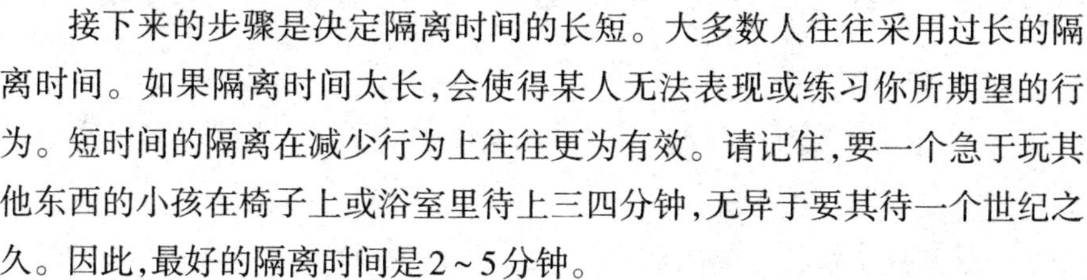

接下来的步骤是决定隔离时间的长短。大多数人往往采用过长的隔离时间。如果隔离时间太长，会使得某人无法表现或练习你所期望的行为。短时间的隔离在减少行为上往往更为有效。请记住，要一个急于玩其他东西的小孩在椅子上或浴室里待上三四分钟，无异于要其待一个世纪之久。因此，最好的隔离时间是2～5分钟。

现在，请写下你拟隔离的时间。厨房用的计时器是隔离时最简便的用具，一是装置方便，二是能清楚地指出隔离时间的结束，而且还可重新设定。请写下你打算用什么方式记录时间。

向对方解释隔离

实施隔离之前，还有一个步骤要做，那就是向你的对象解释隔离及其规则。这个步骤可使你在实际运用隔离时，避免隔离对象激烈的措辞及愤怒情绪的发生，能使隔离更易实施。

在你解释时，请注意下列几点。

与孩子一起坐下，告诉孩子由于你爱他（她）、关心他（她），因此想针对他（她）已经引起困扰的行为采取措施，以帮助他（她）减少这种行为的发生。请不要责备他（她）或唠叨个不停。

向孩子解释何种特定行为出现时会被隔离。

强调每次此种行为出现时就会被隔离。

告诉孩子，隔离的时间长短及结束时的讯号。

告诉孩子，如果他安静地到隔离区或遵照指示行动，将可在隔离时间结束时恢复自由。如果孩子争辩、不肯隔离、叫喊或踢门，则每出现一次，

隔离时间就延长一分钟。如果孩子把东西弄乱了,在结束隔离之前必须清理干净。如果他打破了东西,也必须付出代价。如果多出的隔离时间累积达到30分钟以上,就告诉孩子,将会有别的后果产生。这是你必须决定使用的后援处理。

不要期望孩子会对你的解释表现得热切。

如果对方年龄尚小,应经常演练,使孩子能确切了解在哪里隔离及什么时候隔离结束。

开始实施隔离

现在你已大致准备就绪,可以开始实施隔离了。有几个要点请牢记于心。

一旦向孩子解释了隔离,下次一有不当行为出现,就要开始实行。

然后,每当此行为出现时都予以隔离。

当行为出现时,越快采取隔离越好。这样可使行为减少得快些,且可避免发生意外事件。

当行为出现时,指认出来并以平常的口吻告诉孩子:"这是吵架(争吵、干扰),去隔离。"如果孩子对你的口头指示没有反应,就告诉孩子"不可以"、"停",然后带孩子到隔离的场所(若这是你所选的后援处理,请拿走玩具及任何可玩之物,并且走开)。

你可以告诉孩子:"四分钟后可以出来"或"听到钟声响就可以出来或继续玩",但请不要生气、多做解释唠叨、或怒骂。

忽视所有的抗议,只是平静地说:"这将会使隔离的时间延长一分钟。"

忽视抗议或不在乎的言辞,像"我不在乎隔离"、"我喜欢隔离"这类的话。只要去注意隔离的结果是否减少了该行为的发生即可。

如果孩子在你说了"去隔离"之后开始做某件事,别让孩子借故逃掉,先让孩子接受隔离后再回来做事。

设定好定时器,孩子一进入隔离,就赶快看表或钟。

如果在隔离时有不适当的行为出现,忽视它,但要延长隔离的时间。如果孩子有特别的抵抗行为出现,采用你预先准备的后援处理。

隔离时间到时,应尽快放出孩子。

在非隔离时间而孩子没有做不适当行为的时候,要记得给孩子增强物。随着时间的过去及行为的改善,逐渐减少这种增强物。

确认只对你所选的特定行为采取隔离。必要时,请用别的方法处理其他不适当行为。在你所选定的行为已经获得改善以前,请勿转换到别的行为。

请谨记,在隔离时平心静气、就事论事是成功的要诀。如果你变得生气或情绪化,你将无法控制自己及孩子。

在和心理学家王博士讨论之后,林先生和太太打算用隔离的方式处理他们4岁的大女儿蓓蓓打小妹妹的行为。蓓蓓每天打妹妹的次数为两三次。他们决定在对蓓蓓实施隔离之前先做一次角色扮演并记录表演过程。首先由王博士设计情境并扮演父母之一的角色,由林太太扮演蓓蓓,林先生则做记录员。林先生在记录纸上记下王博士实施隔离过程中的所有步骤。然后更换角色,林太太当记录员,林先生扮演自己而王博士扮蓓蓓。最后,林太太扮自己,林先生扮蓓蓓,而王博士担任记录员。

情境一:

蓓蓓:你的爸爸妈妈已经向你解释过隔离而且也练习过了。不过,你决心拒绝隔离,看看他们是否真的会付诸实行。

林先生或林太太:你们决心要沉稳而有效地实施隔离。你们将解释、练习并且付诸实行。

记录员:引导父母实施每个步骤,并且给予反馈,让扮演蓓蓓父母的人知道自己在使用记录表上列的那些隔离方法的情况。

林先生在记录时觉得王博士的隔离做得很好,但他也指出王博士的小缺失,那就是王博士曾经大叫蓓蓓并且在蓓蓓还在隔离时就跟她说话。王博士没有必要采取剥夺权利的后援处理,因为蓓蓓未曾抗议。林先生在进行角色扮演时,所有隔离步骤都做得极为正确,只有对忽视蓓蓓的抗议一项处理不当。林太太则做得完美无缺。

请自行设计角色扮演的情境,如同林先生的例子一般,可能会对你扮

演隔离的角色有所帮助。

你的朋友、指导者或伙伴可协助你设计情境。一个扮演被隔离者，一个扮演记录者。然后彼此变换角色以充分练习。

情境二：

请设定一个能描述下列人物的情境：

目标人物：

你的角色：

记录者：(将指导角色扮演的进行并给予反馈)。

潜在问题与出现抵抗时的对策

虽然隔离看似简单，但若有抵抗出现则相当棘手，因此你应成竹在胸，以应对抵抗出现之用。大多数抗拒是可避免的，只要你在孩子有良好行为出现且使用隔离之前，以平静的口吻解释隔离就可以了。

尽管如此，抗拒仍可能出现。如果某人有任性、故意的习性，则在采用隔离时，将耗费较多的力量与时间。下面介绍几种策略：

对以尖叫、踢门、叫骂等方式抗拒去隔离的人应延长隔离时间。告诉他："你再这样，就多隔离一分钟!""再多隔离一分钟!"。请保持冷静的语气!你如果提高嗓门或大声叫骂，你就输了。

父母应该知道的事儿

隔离常被误用于青少年的情形有家长经常在采取"限制活动范围"时违反隔离的一些基本原则。这也是父母经常对青少年子女使用"限制活动范围"而不奏效的原因之一。所犯的错误包括以下两点：

(1)父母未曾事先指出或告诉青少年子女，什么行为出现时会被限制活动范围。

(2)父母没有把限制活动范围的处罚期限缩短。如此一来，每次不适当行为出现时，就难以采用这种处罚方法。尤其是当父母限制子女整个周末的活动，甚至限制活动达数周之久时，更是如此。这不仅降低了处罚的有效性，并且阻碍了子女学习期望行为的机会。另外，父母常犯的错误是在愤怒时限制孩子的活动范围。这使得孩子以为他们之所以被处罚是由于父母生气，而非由于他们有不适当的行为。

“自我控制法”的运用

自我控制的步骤

孩子行为改变的方法，通常包括人们能通过控制的方式来改变孩子先前已有或随后会有的行为。自我控制方法亦能应用在孩子改变自己或控制自己的行为上。下面以范例说明六种不同的自我控制法。虽是分别讨论，但是为了确保成功，这些步骤经常合并运用。范例中说明了不同的自我控制法合并运用的情形。

1. 自我观察

孩子往往不知道自己种种行为表现的程度。习惯性行为，会变得自动自发。如果有机会仔细观察自己的行为，行为经常会有所改变。自我观察即是系统化观察自己的行为。这些观察不单单是注意自己此时此刻正在做什么，而且还得针对某一特定行为，进行持续观察并且记录出现的次数。如果密切观察自己的行为，行为是会有所改善的。

比如，有位老师对班上学生不用举手而用喊叫的方式发问或回答问题深以为苦。学生或许也知道自己在叫喊，但是并不知道自己干扰别人的程度，以及为何必须中止这种行为。老师可以为这些学生设计一张表，让他们自己记录每一次脱口喊叫的行为。学生可以用画记号的方式来看看行为出现的频率。单单观察喊叫的频率，就可以减少这种行为出现的次数。

为什么自我观察能够改变行为，真正的道理我们并不完全了解。有人说，观察提供了回馈，促使孩子运用自我增强和自我惩罚及其他自我控制技术，来控制他的行为。其他技术将在下面逐一介绍。不过，重要的是自我观察本身就有助于改变行为，并不需借助其他方法。

自我观察是大多数自我控制技术的关键。自我观察提供了行为发生频率的基本资料。在自我控制法的运用中，行为频率的资料在推断一个人应在何时给予行为的结果方面，是不可或缺的。自我观察也可以配合其他技术运用，例如，系统性注意、父母或老师的赞赏等。这些人可以对当事人正在观察中的行为频率的改变，给予赞赏之类的增强性结果。

对某些当事人来说，为便于了解行为每天的改善情形，亦可用图表来记录行为。以图表或类似的记录方法来记录行为是相当重要的，因为别人也可通过图表来了解自己进步的情形并给予增强。

下面是自我控制技术中正确运用自我观察的例子：

卢太太坐在椅子上，她觉得又疲又烦。一整天里，她都把时间耗在吼叫及责骂孩子上。她觉得该想想办法，使孩子和她自己都过得快乐些。她决定弄清楚自己每天在孩子有良好表现时，给予多少次的注意。她在家里的冰箱上贴了一张纸，并且以线条划出一周的日数。然后，在整天当中，每次在孩子出现良好行为而她也以正向方式回应时，就在那张纸上画上记号。经过一段时日，卢太太和她的孩子愉快相处的时间愈来愈长了。

什么是自我观察?请述之。

2. 自我增强

许多行为改变计划有赖于外在的增强，例如，同事、父母、老师或伙伴等的激励。在本章其他小节中所论及的方法，基本上大都有赖他人运用技巧协助当事人改变行为。然而，当事人可以提供结果给自己，以达到运用技巧协助减少行为的频率。当事人可经由训练就其特定行为给予结果，不必收受来自外在媒介的结果。

自我增强的必要条件，是当事人在表现某一特定行为时，能给自己酬偿。自我增强的实施方法很多，如何选择，完全取决于当事人想要采取哪种形式的增强。而采用的方式，亦可依不同的情况作不同的考虑。因此，当事人在运用自我增强技术时，须对自己哪些行为要增强、何时增强、该给自己多少分量的增强做适当的选择。

自我增强方式的选择，仅取决于当事人的年龄、能力及问题的特性。譬如，在班级情境里，以自我增强施行在学生身上，通常要依赖老师的指导，以帮助学生设定所要增强的目标行为以及增强的分量，假使由学生自己决定，他们就可能对自己要求过于宽松，并且未达到有良好行为就奖赏自己。在整个自我增强的过程中，当事人对自我行为的增强负有部分责任。

外来的助力将给予他们何种程度的协助,可以根据情况而异。

在自我增强当中,当事人通常要自我观察。自我观察是最基本的,当事人如此才能确定所期望的行为是否出现。例如,家庭中可运用自我增强及自我观察来减少孩子不良的餐桌习惯。我们教孩子吃饭时,不要说话且不要站起来横过桌面夹菜,要夹就请大人选夹。我们设计的观察方式是告诉孩子,每次吃饭时,不当行为的出现若低于某一特定的次数,就自己给自己一颗星星或打一个“0”。自我观察鼓励孩子记录自己的行为。当孩子的不当行为不超出某一特定次数时,就给自己星星。这些星星可用来换取看某个电视节目或是晚些上床的特许等。这种方式因为是让孩子为自己在用饭当中或之后的行为给自己星星,因此算是运用了自我增强。刚开始时,父母可依孩子的年龄与能力协助孩子正确记录行为并为适当行为给星星。最后,孩子只需少许或根本不必督导就能做好这件事。

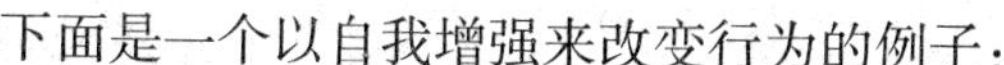

下面是一个以自我增强来改变行为的例子:

今年秋天,凯文就要读高中了。有一件事让她觉得心烦,本来她已经够胖了,但是最近体重更是明显增加。她认为,和她同年龄的小女生,不愿希望自己与一个胖妞为伍,而她也相信要和同学建立友谊很不容易。于是,她将她的困扰和妈妈一起讨论,而后她们决定试着进行减肥计划。过去,她曾试过多种严格规定控制饮食的方法,但没有一次认真执行过。这一次她决定采取均衡而少量的饮食规定。而且,她确信自己需要增加一些诱因来帮助她持续遵守饮食规定。因此,凯文拟订了一项计划,那就是每周的星期五晚上由她自己称体重,假若那一周少掉两公斤,她就可以在周末和朋友出去玩或是看电影。因为这真的是凯文喜欢做的事情,她觉得有一股强烈的诱因使她减少食量。

一个月之后,凯文的体重减少了六公斤。她仅有一次未能和好友在周末相聚,可喜的是,她看起来瘦多了。

现在,你对自我增强已有相当的认识,它的意思为何?请述之。

假使你的回答是由个人决定增强方式,什么时候得到增强,以及要怎么做才能获得增强,那你就答得很棒了!

下面所述的情境需要一项自我增强计划。

“强打”棒球队最近问题频频，球员的士气低落不振。教练要求球员集合练习已非易事，必须一再催促。球员虽乐于参加比赛，可是对每天例行的训练却很散漫。这些球员对训练工作的真正益处缺乏需求动机，但他们也觉得在比赛来临之前，必须有所振作才行，否则输球是免不了的。

这些队员如何运用自我增强的方案来改变他们的行为？

3. 自我惩罚

自我增强的方法，通常是用来增进某些特定的目标行为。然而，行为改变计划的主要目的有时是在抑制或减少某特定行为出现的频率。惩罚即是为此目的而采用的方法。自我增强技术即使是用来消除行为也十分有用。增强是着重在增进那些与不良行为相反的行为上。

例如，假若孩子不顺从父母的要求，有时惩罚不一定就有效，倒不如把焦点放在增强孩子听话的行为上。话虽这么说，惩罚在父母或教师处理孩子的问题时，经常是有效的“助手”之一。因此，惩罚也经常有助于达成自我控制的计划。

自我惩罚是指当事人在表现某一特定行为之后，自己对它付出所厌恶的后果。如同自我增强一样，自我惩罚也需要当事人观察其目标行为的表现，而后对这一结果给予惩罚。行为的观察提供了何时应给以惩罚的讯息。

自我惩罚在行为改变技术过程中很少被单独使用，理由很多。一般的人认为使用基于惩罚的方案并不可取。惩罚方案也许会产生一些不良的副作用——哭闹、侵犯性行为等。而且，惩罚方案并未教导当事人什么才是适当的行为。到后来，当事人通常都会发现，惩罚方案不像以正向增强为主的方案那么好用。

假使惩罚方式没有和增强一起应用，上述的缺点就会连带发生。自我惩罚还有一个问题。因为当事人不喜欢长期持续地处于自我惩罚的状态之下，所以不大愿意实行行为改变的方案。

自我惩罚通常包括在自我增强的计划里。为期望行为而给予的正向

增强，若辅以不良行为处罚方案，效果常会增加。

举例来说，中学阶段的青少年在学期一开始，就被要求就指定的家庭作业或是数学习题，实施自我计分这些行为（指做作业或数字习题）与自我增强（计分）有关。另外有些行为，如上课迟到、打架、喧闹，则可在计划中采用惩罚的方式来抑制。假如有这些行为，就要学生自己扣掉已得的分数，因为学生不可能像给自己增强结果那样热衷于给自己惩罚的后果。

以下是运用自我惩罚需注意的要点：

首先，要求当事人自我观察，以取得所要改变的行为的资料。

其次，选择当事人所嫌恶的后果。当出现不适当的行为时，当事人能够且愿意自己执行这种惩罚。

再次，明确分辨哪些行为是要予以惩罚、哪些是要奖励的。

最后，同时运用自我惩罚与自我增强方法，来确保适当行为的发展。

4.替代反应训练

另一种自我控制的技术，是训练当事人做出可妨碍或取代其正试着控制的另一种反应的行为。其目的是以另一种反应来替代，或改变反应的方式。我们在日常生活中，就经常运用替代反应的方法来控制自己的行为。例如，我们会紧抿着嘴来抑制自己，以避免在某一特殊场合中发出不当的笑声，或是闭紧双眼来避开令人紧张刺激的情境，或是嘴嚼口香糖以抑制烟瘾。这些例子，即是自己以另一种反应来控制原有反应的行为。

就这种自我控制技术来说，替代反应训练是以另一种反应替代一种不希望出现的行为的特殊训练。每一个人都能运用这种技术于包罗万象的日常生活中，以妨碍或替代不希望有的行为反应。最普遍的替代反应训练运用在焦虑的控制上。在我们的生活情境里，无论成人还是小孩都随时感受到焦虑。当事人以替代反应训练来抑阻焦虑反应，最典型的方式是训练当事人做肌肉放松。“放松”可以用多种方式来练习。当指导者引导当事人做深度放松后，有些人确能改善紧张或使肌肉松弛。当事人为放松自己，或许可以做一些有益于放松的事，如想一些令人高兴的事，通常是会有效果的。

在学会替代反应之后，当事人就可应用这个技巧于各种情境中。譬如，一个患高血压的人，必须学习如何放松自己。这个人可以每天在上班时用上几次，在开车时用上几次，或者在晚上睡觉前用上几次。在某特定的情境里会感到紧张时，这个人也可运用放松的程序来抑制。这个放松的过程是一种自我控制的方法，因为这个人可按日常情境中的需要应用替代反应。

运用替代反应训练时，应记住的要点如下：

第一，教导当事人一种可妨碍拟改变之行为的行为。

第二，检视该项行为是否发展顺利，且当事人能以自己的方法加以应用。

以下面的例子说明替代反应训练的方法：

“小凯.羞!羞!像个小孩子”，“小凯，羞!羞!像个小孩子长不大”。

小凯羞得转身就跑回家。这个男孩知道自己在吸吮大拇指时的滑稽样子。几年来，吸吮大拇指的习惯让他困扰不已。今年秋天他就满九岁了，他真想停止吸吮大拇指的习惯。于是他和妈妈商量要怎么办才好。妈妈建议他，每当想吸吮大拇指的时候，就尽量尝试去做别的事，来打消这种念头。他们一起决定让小凯随身携带一些糖果或口香糖。当他想把手放到嘴里的时候，可以用吃糖果或口香糖来取代。开始时，若小凯在家，他的妈妈会帮忙提醒他并且给予赞赏。他们母子俩都知道吃太多的糖不好，但假使能够改掉吸手指头的习惯，那也值得。

要小凯以吃糖果或口香糖来替代吸吮指头的习惯是很困难的事。但是三个星期过后，很明显，小凯已成功地减少了吸吮手指头的次数。

请解释什么是替代反应训练?

5.刺激控制

我们的行为经常受各种情境、人，以及环境中其他事件的影响。例如，一个人在家和在学校里所表现出来的行为就是不一样的。同样，一个人在自己家和在别人家中作客，以及在正式宴会或速食店里吃饭所表现出来的餐桌礼仪也有所不同。而且，在场的人不同，所表现出来的举止行为也会

有所不同。再举个例子来说，小孩子与同伴说话的语言、态度，就不同于与父母或老师说话的态度。

由于每个人的学习经验多少有些不同，因此，其行为往往受到某些情境因素的影响。特别是在某个情境下，有些行为会得到增强，有些则不会，有些人会给予增强，有些人则不会。事实上，每个人都会在一些很特殊的情境中，学习如何表现出一些特定的行为。在某个情境下，会表现出某种行为，通常是因为在过去相同的情境中曾被增强过。一个人的行为基本上是在刺激控制之下表现的。刺激控制（包括情境、人物、发生的事）决定了行为表现的反应方式。

能了解哪些刺激会影响行为的人，就可以掌握所处的环境，以使期望行为尽可能出现。运用刺激控制来作为自我控制的技术，其主要任务是在评估：①行为在何种情境下受到控制。②重新建立一个助长预期行为发生的情境。

例如，在餐厅里用餐后，服务生通常会让顾客点些甜点。有些人无法“控制自己”不去点甜点来吃。假使饮食过量是一个问题，对于了解刺激控制的人来说，他们可以运用这种技巧来避免点心的诱惑。在用餐之后，他们会谢绝服务生请他们点甜点的好意，以控制他们所不希望出现的行为反应（吃甜点）。这种通过消除刺激（叫甜点）的方法来避免食用餐后点心的做法，是相当容易做到的。

同样的道理，有些住在宿舍的大学生往往在学习上存在困难，原因是当他们正坐下来准备功课时，桌上可能就摆着收音机、家里寄来的信，以及电话机等，而室友的喧闹聊天声更是经常使人无法专心于功课。上述这些事都和造成他们无法专注于学习的行为（如听收音机、看信及回信、打电话、和室友聊天等）有关。为增加读书的可能性，他们就必须靠刺激的控制了。特别是在看书过程当中，若需要用到参考资料，可以到图书馆内的小研究室去，那里不会有让人分心的刺激，能专心看书。

刺激控制之所以是一种自我控制技术，是因为当事人可运用“观念的知识”来替代行为。在运用刺激控制之际，通常需要由顾问和当事人讨论，

并解释如何操作运行刺激控制，以及帮助当事人确认其行为是否控制得当。如果当事人了解并能运用一些基本概念，他们甚至可以扩大行为改变的尺度，也可以实际去历练改变刺激控制的过程。

以下是运用刺激控制时须记住的要点：

第一，当事人要自我观察所要改变的行为，以了解出现情形。

第二，当事人必须观察导致某一行为出现或不出现的情境。此行为在某特殊情境（刺激控制）中的出现频率是很重要的。

第三，要能分辨哪一种情境有利于预期行为的发生。

第四，假如在某个情境中，某适当的行为能够表现出来，就让当事人在那个情境中开始做同样的反应行为。一定不要有令人分心的刺激引导当事人在那个情境中做出不良的行为反应。假如想把在某一情境中出现的不适当行为消除掉，就让当事人在那个情境下开始表现新的行为反应。

以下是运用刺激控制的实例。

一个月来，大一男生克敏一直找学校的辅导老师谈话。他的成绩一落千丈，而且有酗酒问题。他的朋友基本上很好，不过，最近他们开始在一间旧仓库后面游荡，闲来无事就来个饮酒盛会。克敏原不想喝酒，也不喜欢朋友们酒后失态的样子，但是当他们开始喝酒时，他很难说“不”，事实上是不可能去拒绝。

辅导老师给了他一个建议，要他和那群人离开这间旧仓库，到别处去打发时间。辅导老师帮助克敏给他的朋友一些建议，从事如溜冰、打保龄球或是带朋友到家里听音乐等活动。这样他们就不会老是躲在仓库里饮酒作乐了。过了几周之后，辅导老师仍然支持克敏努力控制其生活环境。他的生活逐渐恢复正常了。

刺激控制是一种自我控制技术的运用，请叙述其意义。

6. 自我指导训练

有人经常会对自己说些悄悄话，而这些话往往会影响他们的行为。例如，人们在做错了一件事之后，常会自我谴责，发誓不再犯错或骂自己。而在做了件漂亮的事后，又会以许多正向的字眼，诸如“我真棒”、“太好了”等

字眼来告慰自己。人们对自己说的话并非都是行为的结果,许多话是在行为出现前的指示或演练。人们经常在做某件事之前先给自己一些指示或演练。例如,当一个人要去应聘新工作,在会见未来的老板之前,这个人可能会先私下提醒自己举止应当如何,该说些什么话,该避免哪些事情等。这些话有助于适当行为的开始出现。除此之外,另有些自我提示是以预先演练的方式出现的,例如,这个人会事先练习该如何应对以及同老板会说些什么等。

当一个人自言自语时,别人是听得到、看得见的。因为我们自己也会这样做,且常听到别人大声地自言自语,所以我们确信有这么回事。例如,当一位网球选手因失误而输掉了一场重要比赛时,我们常在离球场老远的地方就听到这位选手自责。

别人下的评语(如赞美、夸奖)和指示会控制我们的行为。这种事实,大家知之甚详。多数人可能不知道自我指导和自言自语亦可控制行为的事实。自我指导一向被当做一种自我控制的技术。凭着自我指导训练,由当事人自己提出建议或评论,以控制自己的行为,其成效和接受他人的指导一样。

例如,小孩子做功课或做事情常易冲动而错误连连。这时候,自我指导训练就可用来帮助这些孩子,让他们做起事来更加细心。孩子在做一件事时,可以教他们问自己一些有助于正确完成工作的问题。在教室里,可以训练孩子问自己一些问题(例如,老师要求我做的事情是什么?)。于是小孩子学会了谨慎地界定工作以回答问题(例如,我要一字不漏地把黑板上的字抄下来)。然后,在做功课的时候,小朋友可以用自问自答的方式来检验这项工作是否做得足够好。(例如,到目前为止,我做得怎样了?这是否符合老师的要求呢?)

自我指导训练是一种自我控制技术,因为当事人无论处于何种情境,都可以随心所欲地予以运用。然而,通常须经过个别或团体的严格训练,一个人才会学习到使用什么话来改变自己的行为。这种自我对话因所要改变的行为以及个人年龄与能力的不同而有差异。例如,成人对心中无法

排解的难题,往往会对自己说:“不再去想了!”小孩子怕黑,我们也可以训练他们以自我对话的方式克服对黑暗的恐惧。同样,精神病患者说话常颠三倒四,可以训练他们以自我指导的方式,随时提醒自己说话要合乎逻辑,不要重复太多,而且注意听别人在说什么。

以下是运用自我指导训练必须记住的要点:

首先,要求当事人自我观察,以取得某项行为发生的资料。

其次,简单地列出一些当事人可以告诉自己的事情,以帮助预期行为开始出现。这张表可以包括避免让不当行为发生的话(例如,“记着,在我了解这件事的真相之前,我不能回答任何问题”),以发展正确的行为(例如,在我决定何者正确之前,必须仔细看每个答案),并且检核学习进行的状况(目前为止,我做得如何)。

最后,把自我评量加进自言自语中。当一个人做对一件事时,这个人会对己夸赞一番(例如,好棒喔!)。相反,当做错事时,会对自己有负向的反馈(例如,这次我做错了,下一次我要做好一点……)。因此,自我指导训练可以把自我增强和自我惩罚的好处合并起来,而发展出适当的行为。

以下是运用自我指导来改变行为的例子。

汪老师伸手去按掉闹钟。她痛苦地叫道:“天啊!又要去对付那群讨厌的学生!”她已经到了厌恶上班的地步。她那班四年级的学生在作业上愈来愈不用心,也愈来愈不守规矩。她曾叫他们认罚,放学后留校,但却于事无补。后来她注意到,当她让学生在作决定时,有更多发表意见的机会,学生的表现会好些。也许运用自我指导的方式会有些帮助。

于是,她决定教学生如何针对不同的功课去运用自我指导的技术。她首先要每位学生自己陈述想做的功课是什么,其中哪一项是老师可能指定要做的,自己如何选择该做的功课,如何自我评量。起先是教这些学生大声地对自己说出这些指令,然后是小声地,最后是只讲给自己听而已。经过一个月的训练之后,学生的功课都做得愈来愈好。

为确实了解,请说明自我控制技术中的自我指导训练是什么。

假使你的答案是自我指导训练就是教一个人凭着说一些事情(如特别

的指令或话语)来控制自己的行为,那么你的回答是正确的。

以下所描述的是一个可以运用自我指导的情境。请阅读后拟出一个自我指导训练计划。

信仁是一位优秀的游泳选手,但他真正的愿望是做个高空跳水好手。他曾在今年的春季比赛中表现优异,可是却觉得自己在更高的跳板上做更复杂的跳水动作时,愈来愈困难。他的问题似乎出在,当他站在跳板上的一刹那,他有点慌而且很难集中精神在高高的跳板上做特别指定的动作。于是他决心克服自己的难题。

请你为信仁写出一套自我指导训练的计划。

运用自我控制的原则

以上说明了六种自我控制的步骤。无论单一还是合并使用这六种技术,都应特别注意下面八项原则。

(1)必须对你所想要改变的行为先做一段时间的持续观察,这不仅可帮助你评估自我控制计划的成效,还可以协助你拟订计划。

(2)在自我控制过程中,必须预先考虑到年龄、智商及执行的能力等条件。在计划执行之初,当事人可能只负责计划中的一小部分,这时或许是仅作目标行为的观察。但是,在当事人有所表现之后,他们就可以负更多的责任,直到他们能自我管理整个过程的进行为止。

(3)自我控制技术在某些情况下有其特别用处。当父母、老师或同事不易实施其他行为改变方式的时候,就可采用自我控制技术。

(4)自我控制技术的另一个用处是,当外来的协助力量(如父母、师长)消失时,自我控制的过程可用以继续维持行为的表现。

(5)教导当事人学习自我控制的方法时,要向他们特别强调,把所学的应用到新的情境和新的不同问题中的重要性。

(6)当事人开始运用自我控制技术时,必须检查看他们是否遵守自我控制计划中的一些原则和附带事件。

(7)在自我控制过程中,若运用自我惩罚,务必同时配合对适当行为的增强。

(8)为了帮助当事人遵循自我控制的准则,有效的方法是列出周围中可协助他家的人(如父母、同辈等)。这些人在当事人应用自我控制时,应当给予鼓励。尤其是在计划开始时,这些人所扮演的角色十分重要。

父母应该知道的事儿

以下是运用自我增强时,所需切记的一些要点:

第一,须由当事人从自我观察中,取得所要改变行为出现频率的资料。

第二,选定当事人自己易于施行,且具有吸引力的增强物。

第三,明确地指出行为,或者让当事人明确指出所要增强的行为和给予的增强分量。

“随机教学法”的运用

随机教学法的原则

在交谈过程中,一旦孩子提起一个话题,随机教学法就可以展开。

不管所谈的话题是什么,一旦孩子展开某话题即表示孩子对交谈有兴趣,而且也很想知道听话者的反应。

(1)要有反应。

假使孩子寻求我们的协助或是向我们要某项东西,而我们也满足了孩子的请求,这样做就是有反应。同样,如果孩子谈及某事,我们不但不拒绝或忽视孩子,还进一步说“有趣”、“好极了”甚至“我现在没空谈话”,我们仍是有反应。我们有所反应即显示我们是友善且关心说话的人,这样一来,当孩子下回还需要某物或协助时,孩子将很可能把我们当做朋友而来找我们,并且带来一些话题。

(2)要表现出有兴趣的样子。

即使我们对所谈到的主题没有兴趣,仍然可以有所反应并且表现得很友善。即使没时间谈话、不了解意思或对孩子所谈的没什么兴趣,仍然可以提供协助或发表一些意见。不过如果我们真的很感兴趣,通常会停下手边所做的或脑中所想,而叫对方再多说一点。这么做,即是让对方知道我们很感兴趣,而且当我们越要求对方再说下去,我们会越感到有趣。

“表现出有兴趣”除了表示有反应之外，还意味着为了倾听对方所说，并发表自己的看法，我们暂时放下手边正在做的工作。这也表示我们认为孩子所说的颇为重要。一旦对孩子的话感到有兴趣，下一次当孩子想找人谈话时，可能会再来找我们，而不会去找别人。

(3)通过谈话来教学。

当我们表现出有兴趣的样子(即要求孩子再多谈谈他所提起的话题)时，这就是在鼓励孩子加强内容，多加叙述以求语意更完整。在良好的沟通状况下，当其中一人引用新的词汇、表达新概念或者要求叙述和解释时，我们可以看到彼此讯息的交换情况，以及不经意的语言学习。

谈话的重点是在分享兴趣，而不是言语本身。新的语言即是因为可增加兴趣所以才会去学习。很少有语言只是因为单纯的学习或背新词汇而学得，学一些对我们较有用的新字比呆坐一旁背诵单词句子更简单、有趣而有效。

所谓随机教学法，就是当儿童提起他们有兴趣的话题时，大人不但要有所反应，表现得很有兴趣，而且还要求语言的精进。也就是大人趁儿童对交谈感到有兴趣而且会很有反应的时候，随机教学。这也就使随机教学法成为极有效的教学技巧。

(4)随机教学法的长远效果。

子女到了青年时期仍会告诉父母他们的“疑难杂症”，这种父母通常是从小就让子女知道他们对子女所谈的话题都极感兴趣。

每当子女提及在学校或邻居家的所作所为时，他们的父母不但倾听而且会要求子女再多说一点。父母在言谈之间所引发的问题，可以协助子女衡量自己及他人的行为是否合宜，而且可以激励他们再去想想还有没有别的方式可以尝试。即使必须纠正或批评子女的不当言行，或者必须直接告诉子女应该怎么做，在随机教学法的原则之下，父母也应选择其他适当的时机，不宜在当时提出。

如果大人对儿童所说的感兴趣，儿童会连续不断地引发各种话题。只要大人能尽量对儿童谈及的有反应而且愿谈下去，不管这段时间长短如

何,大人都可以把握许多机会让儿童学习。对儿童最有效的学习时机即是当他们对所谈的话题有兴趣时,在这种情况下,大人可以告诉他们一些知识,重新指引他们对问题的思考方向或行为表现,也可以了解儿童的理解力、兴趣、想法与行为。

你是否曾经用随机教学法来教过任何小孩?

你是如何教的?

随机教学法示例

(1)学校中的随机教学法。

男孩圣凯拿着他的数学加法练习第三题去找白老师,问道:“这样做对吗?”白老师并不直接告诉圣凯:“你答错了。”或者告诉他正确答案;这时她指着另一题问道:“7加6是多少?”圣凯答:“我想是11吧!”白老师接着说:“你记不记得如果你没有把握的话,都是怎么验算的呢?”圣凯在纸上先画上七条线再画上六条线,数一数说:“噢,是13才对。”老师答:“对了,就是13。”圣凯接着说:“那这题的答案应该是54而不是52。”白老师说:“又答对了,太棒了,像11变成13,52变成54,你每次都多加了2,你看,现在真的像在做数学了呢!”

(2)对幼儿的随机教学法。

当巴太太打开抽屉要拿一件长裤给小咪穿时,小咪抓着一件外套说:“要这个。”巴太太牵着小咪的手放到这件外套上说:“外套。”小咪答:“外套。”巴太太答:“对了,这就是外套。”而且让小咪从抽屉里拿出来。小咪把外套拿出来后放到床上的衬衫旁边,她转身告诉妈妈:“一样!”巴太太回答:“对啦!它们的颜色是一样的,是什么颜色的呢?”小咪答:“红色。”巴太太答:“是蓝色的。”接着她把衬衫和外套一起放到小咪的手里说:“说——蓝色。”小咪答:“蓝色。”巴太太说:“答对了,蓝色,蓝色的外套,蓝色的衬衫,它们的颜色是一样的,我们来穿吧。”

随机教学法就是当对方提起一个话题时,不但有反应,而且还能让他用更多的语言使语句更完整,使语言更精进。接下来将更详细地叙述随机教学法的各个步骤,然后介绍使用随机教学法的时机、方式与内容。

随机教学法的步骤

随机教学法应运用于何种情境,其重要性与随机教学互动中应怎么做是一样的。因此,这里所提到的步骤有许多是涉及随机教学法应在何时、何地进行的。以下所列,前面是各步骤的定义,而且编上了号码,后面则是各种步骤在不同情境下的例子。每个英文字母所代表的是一种情境。所有的A合起来就是一个完整的随机教学互动的情境,所有的B、C、D、E合起来亦然。

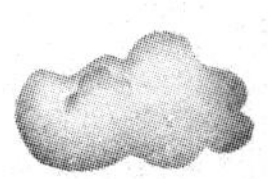

(1)场所。

这个场所内有一些有吸引力且很合适的物品或可从事一些有趣且有意义的活动,还有一些可让人们谈论的事物。

例子:

A 家里的客厅。

B 幼儿园游戏间。

C 科学展览室。

D 公立游泳池。

E 家里的房间。

(2)老师。

这个大人的注意力与赞许对小孩而言很重要,这个小孩正需要帮助。

A 母亲。

B 幼儿园老师。

C 老师。

D 救生员。

E 父亲。

(3)动作。

大人等着小孩先说话,大人可能正在小孩身边或在附近忙着。

例子:

A 母亲在看信。

B 老师在看着小朋友玩。

C 老师在讲桌前批改作业。

D 救生员在看大家练习。

E 父亲在看电视。

(4)展开行动。

当小孩开始说话时,大人微笑地注视着小孩,而且把注意力集中在小孩拘话题上,例句中的黑体字即是主题。

这小孩说:

A 做这个。

B 我可以玩坦克车玩具吗?

C 这是什么?

D 我不喜欢那个人。

E 我要赶上那组人。我可以拿车钥匙吗?

(5)澄清。

大人如果不太清楚小孩的主题,可以问。

大人说:

A 你的鞋子吗?

B 坦克车玩具吗?

C 你是指什么?

D 你是说小华吗?

E 是旅行车的吗?

(6)要求精进。

大人要求言语再有所补充或修正。

大人说:

A 你要妈妈做什么呢?

B 要坦克车玩具吗?

C 这是用来做布的,这是用来做哪一种布的呢?

D 小华做了什么事让你不喜欢他?

E 关于旅行车,你需要记住什么?

(7)提示。

若小孩没有回答,或说:“我不知道。”或是答错了,大人应给一些提示。

大人说:

A 你的鞋子,是要我系……?

B 它们的原料跟书架是一样的,是让我帮你从柜子上取下来吗?

C 那两个字已经刻在牌子上了——棉花。

D 我刚刚看到他一直在用水泼别人。

E 记不记得上一次你把零件丢得满屋子时,你是怎么做的?

(8)示范。

如果小孩还是没回答,或仍说:“我不知道。”或仍答错,大人就可以将答案告诉小孩。可能的话,叫小孩再重复一次。

大人说:

A 系,说:“系鞋带。”

B 木头!会不会说:“木头”?

C 棉花,那个牌子是怎么写的?

D 你可以试着告诉他:“我不喜欢被水泼到。”

E 旅行车是空着回来的,这时你要怎么做?

(9)肯定。

当小孩所说的是大人所想的时,大人要予以肯定,这样小孩才知道自答对了,他才会模仿刚刚所学到的语言,接着大人要回答小孩最初所要求的:“协助(绑好鞋带);允许(玩坦克车玩具);知识(关于一株奇怪的植物);交谈(关于一个问题);或是一样东西(车钥匙)。

大人说:

A 对了,绑,让我绑好你的鞋带。

B 对了,木头,坦克车玩具就是用木头做的,就像书架一样。

C 棉花答对了,这块布是棉布,这植物是在织成棉布之前的样子。

D 对的,而且如果你用刚刚那话告诉他,他也会知道你是说真的。

E 太好了,拿走所有的齿轮,而且把剩下的东西都放到垃圾桶去。

父母应该知道的事儿

对儿童而言,他们学新字与进行会话的过程刚开始时,必须由大人带动大部分的谈话。大人需要逐步引导儿童使用更精进、具体及表达性的语言,使孩子能学会整个谈话过程。其中一种方式即是对小孩所引发的话题表现出有兴趣的样子,而且在答应孩子请求的同时,也要求儿童以一种特殊的言语来表达,例如,要求孩子换一个新字或以另一种较好的方式表达。

八、智慧之旅

财商型的孩子从10多岁开始就会养成自觉读书学习的好习惯，他们都是学到老用到老的人。海明威说：“所有的好书都一样，它们比真正发生的事还要真实”。读过一本好书以后，你会觉得自己仿佛身临其境，书中的一切都是你的经历，不论是好是坏，是大喜、是悲伤、是悔恨，不论人物，地点和天气一样。

让阅读充满生气

财商型的孩子从10多岁开始就会养成自觉读书学习的好习惯，他们都是学到老用到老的人。海明威说：“所有的好书都一样，它们比真正发生的事还要真实”。读过一本好书以后，你会觉得自己仿佛身临其境，书中的一切都是你的经历，不论是好是坏，是大喜、是悲伤、是悔恨，不论人物、地点和天气都一样。

很多父母读到这一章的时候，可能早为孩子不肯读书或是读不好书烦恼很久了。当然现在没办法让时光倒流，把孩子从小训练成爱读书的人，不过我们还是有办法激起孩子对书的兴趣。不论他们目前的情况如何，父母都不必灰心，要把眼光放远，为未来打算。

现阶段培养子女阅读能力的重点，一方面是引导他们阅读与切身生活有关的读物；另一方面是帮助他们应付愈来愈复杂、抽象的写作挑战。

基本上，现在可使用的方法与幼儿时期大同小异，我们在前面已经说过，如何让儿童亲身去体会文字的奥妙。到孩子进入青春期前后，我们依

然要让他们与文学作品接触，并且用身体与情感去体会。

不过现在督促子女阅读写作，跟小时候的做法就不同了。小时候子女惟父母之命是从，现在他们长大了，有了自己的主张，父母的教导方式就应该有所变通。你如果还是坚持要逼孩子，可能适得其反。孩子为了反抗，说不定从此对阅读、写作敬而远之。

如果你希望能够达到以前的效果，也就是子女会重视你的话，就得用他们能够接受的方式去教导他们。

青春期的孩子正值创造自我个性的阶段，他们对自己的种种都自有主张，我们想改变他们既有的想法很难。只是一味强调父母的权威，是绝对达不到你的目的的。我们最好多去了解自己孩子的想法、喜好，然后挖空心思，为他们设计最适合他们个人的读书计划。

以下所列的目标和建议，旨在帮助父母引导子女更深入地了解与欣赏小说类与非小说类读物。只有这样，孩子才能由会读书，进步到爱读书，从此与书本结缘而不改其乐。

进入文学殿堂

青春期前后的青少年，最关切自我在社会中处于什么样的地位，扮演什么样的角色。他们也不断地自省，检讨自己的发育、自己的感觉与思想。

他们有许许多多的疑惑有待解答，有很多恐惧和冲动必须排解，他们想尝试各种不同的身份，又追求成就感。这种种的需求都可以从同一个来源求得满足，那就是书本。书本固然可以丰富儿童的天地，但对青少年更为有价值，只可惜这可贵的资源常被忽略。

芝加哥大学教育、儿童心理学与心理分析荣誉教授贝特海说过，故事有助于澄清情感，实现不可能的梦想，舒解焦虑和提供解决问题的方法。

书本的功用是无边的，即使你的孩子一向爱读书，到青春期也可能会有所改变，这是很常见的现象。这个年纪的孩子往往会追求更直接更刺激的经验，比如运动、郊游、看比赛、逛街、看电影电视或与朋友相聚，似乎都比看书更重要。除非他们自己能体会到，其实读书还可以满足一些内心更深刻的需要，他们才会不放弃书本，而这一点正是我们做父母的出得了力

的地方——我们可以为他们选择有益的读物。

(1)根据孩子自己的选择推断他们的兴趣。

你可以像某些父母一样,禁止孩子在家里阅读某些书籍杂志,但是只要他们想看,他们总有办法看得到。甚至于他们的反抗心理太强,你愈是反对,他们愈是要看,那样限制他们反而就等于鼓励他们。即使孩子很听话,你不让他们看,他们就不看了,他们也会不再以读书为乐事,反而破坏了他们好不容易培养起来的读书兴趣。相信这两种结果,都不是身为父母的你我所愿意看到的后果。

我们不妨改变批评管束的态度,直接跟孩子沟通,了解孩子希望读哪些书,听听他们对正在读的书有什么反应。在你知道那些烂杂志有什么地方吸引他们以后,下次再到书店或图书馆,就知道该怎么为他们选书了。这种积极式的参与会有很好的效果。

(2)让孩子接触青少年文学。

既然外在的诱惑很多,书本要与其他活动竞争,就必须更符合青少年的兴趣,而且要能解答一些困扰他们切身的问题。一般常见的问题是,因青春期的男女有不同的性向,所以女生比较关心人际关系,倾向于建立亲密的友情;男生则比较关心拥有独特的个性。

不过不论男女差异如何,凡是书中有男女英雄人物,可以让读者认同,又能提供个人问题解答的书,最适于让这个年龄阶段的孩子阅读。

一个故事想要真正把握住孩子的注意力,就必须有娱乐价值,能够引起他们的好奇心。然而若要真正有益于身心,故事内容就必须能激发想象力,增长智慧,理清情感,舒解焦虑。同时一个故事必须承认青少年所面临的种种难题,并提出可能的解决办法,鼓舞青少年对自己、对未来都要有信心。这是芝加哥大学荣誉教授贝特海心目中,青少年理想读物应具备的特点。

今天的青少年相当幸运,适合他们的读物已经比十几年前多了许多,父母要为他们选书也省事了不少。只要肯多花时间,仔细阅读有关的图书目录,应该不难找出适合子女年龄和性向的图书来。

有些书籍虽然出版了，可是不一定能到得了书店或图书馆的书架上，所以如果你真正有心，甚至可以写信到各出版社去索取目录，也可以向书店索取店里不卖但是有书的图书目录。比如你的孩子向往登大山，你家附近的书店可能找不到这类书籍，可是事实上台湾出版的登山书很多，这时候你就可以看看目录来买书。

在刚进入青春期的时候，青少年还无法直接阅读成人看的书，所以青少年文学就成了最好的桥梁。青少年文学通常都很接近他们的个人经验，所引起的回馈也最大。目前有两类青少年文学相当流行，你可以考虑列入你为孩子拟订的读书计划中。

当前流行的青少年文学主流之一，是专为女生所写的罗曼史小说。这类小说的情节多半是十五六岁的少女情窦初开，通常以第一人称的视角来讲故事。随着情节的推展，少男少女初恋当中，会遭遇到种种的情感与人际关系问题，最后通过作者的笔做一番讨论。

举凡不安全感、怕受排挤、自卑感、对未来无把握等等焦虑，还有恋爱中酸甜苦辣的滋味，为保有独立自主的内心挣扎……全都是这个年龄阶段最敏感的问题，因此涉及这些问题的书最受他们欢迎。

同时这类书跟童话故事类似，主人公都会经历感情波折而成长，都会因此信心倍增，活得更好，所以读者看了会变得乐观进取，这也是这类书的优点。

就算你的孩子简直就是无可救药地沉迷在那些不切实际、公式化的爱情小说里，我们也不必过分担忧。虽然这些小说的文学价值实在不高，可是读起来令人愉快，又有助于孩子了解自我和他人，这就足以达到我们培养他们阅读能力的两大基本目标了。

等到时候到了，你的孩子自然而然就会对一成不变的爱情故事感到厌烦，进一步接触比较成熟的处理男女感情的作品。这时候我们就可以推介高水准的文学作品或伟大的爱情故事给孩子看。

另一类普遍受男女生欢迎的是青少年问题小说。这种小说不像罗曼史小说那样不切实际，反而是针对现实问题坦白而切实地探讨一番，像是

课业、感情,甚至于喝酒、吸毒、堕胎等。

我们或许不赞成这类书中的观点或见解,但是这是青少年想读的书。它们可以告诉读者,其他的青少年都过着什么样的生活,并且指引他们面对自己的问题,所以仍然有值得阅读的价值。

12岁到16岁的孩子,也在追求英雄式的人物,作为他们仿效的榜样,所以我们也别忘了加入奋斗励志类的读物,帮助孩子寻找自我。

(3)选择书中人物可让孩子模仿的读物。

任何书,只要书中人物有所成就,或是具有不凡的性格,特立独行,都能吸引青少年。

不过我们还得考虑第二个因素,就是这个英雄人物从事的工作或活动,与孩子的性情相近,或者他们面临的问题与你的孩子想仿。符合这两个条件的书,才能打动孩子的心,让他们耐心地读下去。

(4)供应该抒解恐惧与冲突的书。

这一类书籍并不难找,比如说狄更斯的《双城记》,艾利生的《隐形人》,还有成功人物奋斗过程的传记。我们唯一得伤脑筋的就是如何缩小选择范围。通常能够抒解恐惧冲动的书,多半是惊险刺激的故事,当主角历经磨难,化险为夷以后,看书的人才会松一口气,而这无形中就会排解掉他们心中积累的烦闷。

根据一项研究,凡是不读课外书,或是只读非小说类书籍的学生,会丧失使阅读技巧更上一层楼的机会,学业成绩反而比常读小说和诗的学生要差。

12岁到16岁也是幻想冒险、期盼接受考验、使他人和自己都能肯定个人价值的年龄。青少年喜怒无常的情绪背后,隐藏着害怕失败、害怕责骂甚至害怕死亡的恐惧。想冒险又害怕的情绪,只能凭电视、电影或书本提供的经验,来获得满足与抚慰。

我们可以引介孩子阅读古往今来、真人真事的伟大历史故事,或现代人的事迹,例如,描写纳粹迫害犹太人的《安妮日记》。也可以在孩子的书架上,多放几本侦探冒险小说,相信他们会乐于去读的。

写读书心得

读完一本很棒的书，任何人都会希望与人分享。青少年也一样，看到一本引人入胜的精彩小说，就会跟朋友一点一滴地说那本书多么好看。

不过青少年复述一个故事跟儿童不太一样，青少年会加入个人的意见和看法，所以等于是他们根据自己的感受，把这个故事重组一遍。

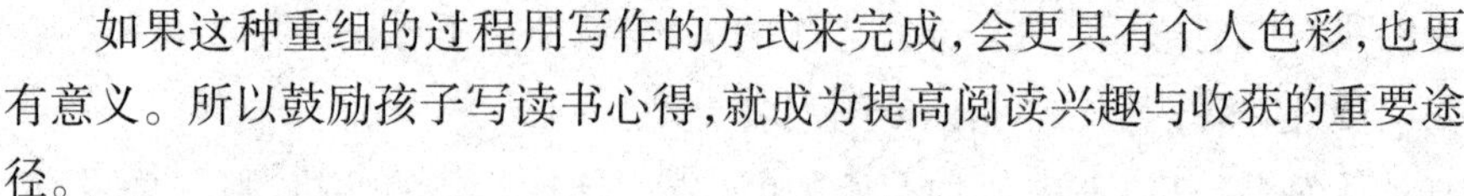

如果这种重组的过程用写作的方式来完成，会更具有个人色彩，也更有意义。所以鼓励孩子写读书心得，就成为提高阅读兴趣与收获的重要途径。

以下建议可以提供给家长如何激发子女写作的兴趣。

让孩子为自己关心的问题而写作。

青春期的孩子都充满了热情，他们开始对社会价值观产生怀疑，于是会用批评的眼光去看各种社会现象。当他们看到不合理的地方，就会有一吐为快的欲望，这正是很理想的写作动机，可以善加运用。

有关专家的意见是除了口说，就是手写。我们如果能提供相关阅读资料，让孩子发觉一些不公平、不正当的现象，保证他们会大发议论。如此一来，可以同时达到刺激阅读和写作的目的，一举两得。

为鼓励孩子把议论化作文字，我们要建议他们给报社编辑、政治人士如议员或公益团体写信，表达他们的不满。我们也可以建议孩子写个短篇故事，甚至于写诗，作不平之鸣。第三种方式，就是建议孩子针对看不惯的问题，订下计划，作长期研究。

青少年比较关切的问题有：保护环境、爱护动物、升学竞争，等等，不过这方面的个体差异往往也很大，全看我们做父母的是否悉心去观察，去了解孩子。

从报章杂志上，我们可以找到许多讨论各种问题的阅读资料，也有不少专门的图书。除了靠平时留意收集，我们也可利用期刊论文索引与图书目录，查阅图书馆的资料。

读书心得的形式很多，有我们刚才谈到的写信抗议或声援。写信本身现在对孩子已非难事，不过有父母从旁协助鼓励，效果会更好。因为青少年对社会了解不够，还不清楚在哪些问题上谁是关键人物，谁会乐于接受他们的意见。社会经验丰富的父母，就可以指点他们信该写给谁，应该怎

样写才好。

另一种表现读书心得的方式是实际参与解决问题。举例来说，孩子一向关心消费者权益问题，他们读到有关馊水油的种种报道，除了写信抗议之外，我们可以建议他们想想，是不是能提出一个抵制馊水油的办法，或是提醒在外用餐的人小心馊水油的宣传计划。

或许孩子的想法会不够成熟，但我们主要的目的是要他们多读多想。为了关心这个问题，他们可能会去收集更多的资料来看来研究，这样我们的目的就达到了。

如果孩子本身就很爱写，我们就给他们一本稿纸或空白笔记本，让他们随时记下写作的灵感或读书心得。当然我们做父母的也得谨守一个原则，那就是尊重子女的隐私权，不可随意翻阅子女的笔记。

如果孩子不知道该如何下笔，那么我们可以仿效过去小时候的做法，由你与他共同商讨该怎么写。

首先我们讨论孩子打算用什么形式，是写信、做计划还是写故事。其次是订下大纲，然后就是执笔写作。到这个阶段，我们的任务已经完成，只做个旁观者，偶尔客串一下，问一下就行了。

写作的时候，我们都需要与他人讨论，刺激新的灵感。在遣词用字方面，也希望听听别人的意见。写作是相当寂寞的工作，尤其对于还在学习阶段的孩子，更需要大人从旁协助并给予精神上的支持。

虽然青少年争取独立的倾向十分强烈，但他们还是会接受父母的建议和鼓励的。在孩子有意见的时候，应静静地听他们倾诉，并仔细观察孩子的问题和个人需要，以及提供孩子学习与体验人生的机会。能够做到这些，你的孩子一定已经跟书本做了好朋友，是个标准爱书的人了。

接下来就到我们最后一个步骤——如何让孩子进入成人的阅读世界。完成我们培养子女一辈子爱读书的最后一步，多年的努力就大功告成了。

父母应该知道的事儿

使孩子不断地读下去，是培养孩子具有终生阅读习惯的不二法门。我们可以针对孩子种种不同的需求，订一个家庭读书计划。读物的性质不拘，只要合孩子的胃口，就可以让他们继续不断地一直读下去。

当然在孩子爱读的东西里，可能有你非常反对的，比如内容乱七八糟

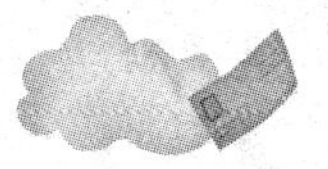

的漫画书、专揭人疮疤的内幕杂志、低级趣味的言情小说，等等。它们的内容和拙劣的文词，都能吸引追求新鲜感的青少年。如果这种喜好只是一时现象，我们不妨顺其自然，或许孩子的阅读兴趣就由此开始，因为那种书读久了自然会失去吸引力，孩子说不定就会对所谓的正经书发生兴趣，而从此走上读书的正轨。

进入成人的阅读世界

爱默生在《社会与孤独》一书里写道：身为老师，我一向认为儿童的潜力是无可限量的，只要有适当的刺激，他们就能有令人刮目相看的表现。不过在那一年以前，这只是一个信念，还没有经过验证。没想到由于政府的规定，我这个信念遭到实际考验，而且结果完全出乎我的意料之外。

事情发生在法国，时间是1960年末，我应聘担任巴黎一家双语学校的英文老师。要上课前我才发现，没有课本可用，我得唱“独角戏”。当时法国外汇管制很严，所以学校或者书商都没办法进口外国教科书。我真是被逼得走投无路了，眼看着几十个10岁到14岁的英国、美国和法国孩子，都期待着我教他们英语，可是我却没有课本给他们看。最后实在没有办法，我只好大声朗诵英文给他们听。比较适合朗诵的文章，好像只有英、美短篇小说，于是我就念小说，然后全班一起讨论。

我很快就发现，让孩子接触成人文学最能抓住他们的心，别的读物效果都不及成人文学。我们班上的学生，即使最年幼的，都聚精会神地听我念，听完以后，每个人都愿发表意见。以往教书那么多年，我从来没有看到过一班学生，像他们这么有兴趣、有见地。然而他们并非优秀班的学生，反而因为他们的父母多半为了事业各国奔波，他们受教育的环境经常变换，所以到我教他们的时候，不少人都有严重的学业问题。他们所以能有这样突出的表现，完全是因为有机会从成人的观点，去思考和讨论这个世界。

从以上的例子引申到我们的培养阅读能力计划，在这个计划的最后步骤里，父母们就是要学着如何为子女创造机会，扩展他们的文学视野，而且磨炼出解释文字含意、揣摩文字弦外之音的能力。

只有等到智力到达某一水准，孩子阅读的时候，才能根据自己在人事与环境上的知识，去弥补一般作者都会留下的空白。现在他们已经不必再要求作者，把一切交代得清清楚楚。阅读能力愈成熟，愈能够从作者提供的有限线索里推论出真相，也愈能够体会作者的用心。

由于一篇文章的含意，只有一部分是由文字表达出来的，所以阅读必然是一种推论和增益的过程。常见的情况是，读者设想种种假设情况和过去经验中的模式，一一验证这篇文章“意所何指”。从很多方面看，这个过程就跟我们解决问题的方式差不多。10多岁的孩子，已经能够了解隐喻，到了自己会说旁敲侧击的话的地步了。幽默讽刺文字要表达的社会真理，他们同样能够会意理解。身为家长，我们的基本责任不变，就是供应素材，锻炼孩子的解释能力。我们应当从听、读、写、观察和讨论等各个方面着手，使孩子接触各种类型的文学作品，为成年后的阅读习惯打基础。我们可以全家组织读书会，定期聚会，每个人都要阅读和参与讨论，效果更好。

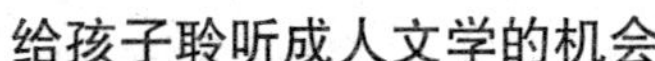

给孩子聆听成人文学的机会

事先我们要做好准备工作，家庭“听书会”才会成功。第一步我们得先订下时间、地点。时间要配合全家作息，以大家都有空的时间为准，或许是每周选一天吃过晚餐后，或许是星期日上午，不必刻意挑选黄道吉日，只要全家人都赞同就可以了。

接下来我们要选朗诵的材料。我建议从短篇小说着手，一方面短篇小说的长度，正好可以一次念完；另一方面，更重要的理由是，短篇小说不仅文吧 字变化丰富，而且情感及理智、内涵充实，容易吸引听书人的注意力。

至于该选什么样的主题，就要根据每个家庭不同的状况来决定，像是家人的年龄、喜好、教育程度，等等。如果实在难以取舍，就用传说、神话或民间故事。历代传下来的故事绝对经得起考验，阅读价值也不低于现代作品，读起来必定不会让你泄气。

实际朗诵的人，可以选家中学问最高、读得最好的。年幼的孩子及阅读能力有限的孩子，不要请他们念，这不是练习念书的时候，只是要在轻松的活动中，增强孩子欣赏理解成人文学的能力。

有时候我们可以变化活动方式，大伙一起来读。由一个人担任旁白，其他人每个人负责一个角色，然后就像电影、戏剧一样，全家一同“演出”某个作品。这种方式很能帮助我们从人物特征去认识、感觉书中人物，不过只能偶尔为之，而且必须孩子有此能力。

利用媒体帮助孩子体验文学

视觉媒体（电视、电影、录影带）、听觉媒体（唱片、录音带、收音机）之所以如此令人难以抗拒，在于它们能给青少年直接的刺激，能够把经验值接传达给人，相比之下这是印刷媒体（书报杂志）很欠缺的地方。既然视听媒体吸引力如此大，我们就该利用这些媒体，帮助我们培养孩子的阅读能力，不要抱排斥的态度。

把文学和媒体结合在一起，既能提高阅读效果，又能刺激解释性思考。录音带、电影和广播剧，可以一步步让孩子熟悉更深的文学作品。不过运用媒体的成功秘诀是孩子必须能跟别人讨论他们的体验。理解与解释一部电影或一首歌曲的内涵，当然可以运用到文学上，可是要经过自己的嘴说出来，你才会具体地知道有哪些内涵。跟阅读关系最密切的视听媒体是有声书籍，也就是录音带。利用录音带，我们的家庭读书会就可以听比较长的作品，如长篇小说、剧本。由于录音带里读书的人都具戏剧素养，文学作品的精彩处和字里行间的情感，他们会表达得淋漓尽致，听起来十分过瘾。

选择录音带以孩子不熟悉的作品最好，像科幻小说就最合适，它能带孩子进入全新的领域。目前有许多儿童故事录音带可供选择，可是青少年阶段的有声书籍还不普遍，广播剧或广播小说，尤其是文学名著改编的，可以选录下来作为代替品。

除每周定期聚会听书以外，出外度假的时候，我们也可考虑带录音带一起去。在长途乘车前往目的地那漫长的时间里，如果能听上一段有关当地历史文物介绍的录音带，必能增添不少乐趣。听完录音带，我们要跟孩子讨论，讨论以后，鼓励孩子到图书馆借这本书来看。由于事先已听过大致内容，即使内容比较深，孩子也容易看懂。

看文学作品改编的电影和电视剧,同样能增进孩子对人物、人性、感情、思想的了解。像这类电影系列,能让孩子认识科幻小说的结构和人际关系。等孩子熟悉这种公式化的科幻剧以后,不必太花脑筋就能了解剧情,这时候我们就边看边与他们讨论剧情,让他们减少视觉听觉活动,多用头脑去思考去解释。或者,我们也可以在事后问问剧情,让孩子用自己的话简述一遍他看过的东西,也是很好的训练。事先讨论也有助于孩子的理解力。如果我们知道某部电影或电视剧的内容,就可以先跟孩子讨论有关的主题,然后再看,这样孩子可以看出更多的知识来,事后再交换意见,那就等于下了双重功夫。

听后看后要讨论

听完故事、看完电影以后的讨论,实在是重中之重,因为言辞表达能理清孩子纷乱的感受。讨论不必拘于形式,能让孩子畅所欲言最重要。

讨论如果是全家人一起参加更为理想。一开始我们要想办法引导每个人煞有介事地发言,把它当成真有其事,不是虚构的。每个人都说出自己对整出戏的评价,解释他们喜欢或讨厌某个人物的原因。进一步,我们可以讨论,剧中人"过去"可能有过哪些经历,"未来"可能发生什么事情;或者说出在实际生活中,他们有没有碰到过类似的情况,或听说过别人有类似的遭遇,结局又如何。有些戏剧或故事本身,就会引发多种感触,让人想一吐为快,一个简单的提问,如"你觉得怎么样?"就足以引来一连串的反应,不需多费心思,家人就会热烈讨论这篇作品的种种情况。

我们在这种讨论活动里,一方面要参与,另一方面要扮演主持,随机提出问题,让家人解释自己的反应,或为自己的诠释辩护,例如,"你为什么有这种看法?""作者想要表达的是什么?""如果你是男(女)主角,你会怎么办"?而且我们的目标是要家中每一个人,都有机会发言,吐露自己的看法。

就算你的子女能说的有限,他们也能有机会听听别人对这个故事的反应和诠释,听听别人为自己的说法辩护,也会很有收获。这种经历会使孩子更注意别人的想法,而且在一番比较后,逐渐锻炼出自己的鉴赏力。

让孩子阅读能够发挥想象力的读物

12岁到16岁的孩子，还往往能够说出字里行间的弦外之音。不过儿童的解释反应情况不单跟年龄发育有关，也跟他读的读物有关。

有人研究过这个问题，结果发现，10岁孩子看过教科书上的故事以后，只有小部分心得（百分之七）是解释性的，而教科书的故事都讲得一清二楚，很少给儿童留有想象的余地。而童话故事结果就不同了，尤其是细节交代不清楚的童话故事，10岁孩子有四成的反应是自己想象出来的。故事里虽然没提起，又没有插图可参考，可是孩子却能详细描绘故事主人公的相貌、衣着、行为、思想，连他们心里有什么打算都能说出来。

如果所有的思想、行为、感情都巨细无遗地写明白，孩子就不需要多费心思去想，这正是许多儿童故事书的缺点。只有某些部分空白，等待读者去填空的读物，儿童才会用大脑去读、去想。

对这个年龄段的儿童而言，神秘小说最受欢迎，也最能鼓舞他们动脑筋去编排故事内容没有提到的东西。他们阅读福尔摩斯探案的故事就最过瘾，一边读一边用文字透露的讯息来推理，要跟作者或大侦探比快，看谁先破解那一桩桩的怪案。在这个过程中，孩子虽然没有察觉，其实他们是在不断检讨所获得的情报，配合真实生活中的知识和故事中虚构的情况，做种种的推测，这就是他们正在解释他们所读到的文字。

不论你的孩子阅读能力已发展到哪一个阶段，我们总能找到适合他们阅读的神秘小说，或许是以现代为背景的作品，或者是民间故事，或者是侦探小说，只要是能让孩子发挥想象力的，都值得一读。

鼓励孩子把故事改编成剧本

青少年没有不爱表现的，尤其是如果能有一群真心捧场的观众，他们会演得更起劲。我们可以善用这种表现欲，刺激孩子的阅读能力和解释能力。最简易的方法就是建议孩子，把最喜欢的故事改编成剧本，然后演给家人看。

在改编的过程中，他们会发现文字的重要性。编剧不但得考虑书中每个场景的细节和每个人物的动作表情，还得关照到人物与场景、人物与人

物之间的关系，以及每个人物不同的观点。演戏的时间可以和节庆配合，譬如圣诞节放假日，就演圣诞节的故事；过春节就演年兽的故事；中秋节演嫦娥奔月，以此类推选题材。

如果你家设备齐全，有摄像机，不妨拍下孩子表演的过程。假使因此引起孩子自制录影带的兴趣，也可让他们试试。这时候应该建议他们用真正的剧本，至于如何把正规的剧本简化成家庭式的小制作，就是考验孩子的机会了，他们必须大大发挥解释剧情的想象力。在你细心地引导之下，孩子在家中的经历已足以令他们相信，书本能够提供他们想要的东西，解决他们的疑难问题。剩下来的工作，就是持续不断地供应他们成人的读物，使这个信念一直保持到他们长大成人。

与孩子并肩努力，把孩子训练成积极成熟的爱读书的人，可以一举数得，不仅能让他们握有开启成功大门的钥匙——自信与实力，也能提高孩子对自我的评价，从而懂得自重自爱，还有一种难以衡量的收获，就是从父母付出的心血来看可以证明父母多么重视自己关爱子女。

父母应该知道的事儿

为人父母者能够给予子女的两件珍宝，第一是确切不移的爱，其次是应对生活的各种技能。这两方面有十分密切的关系。我们能为所爱的人付出时间精力，就是爱的最佳证明；孩子能够成功地适应生活，也就代表我们的教养成功。培养孩子成为终身的爱书人，同时符合这两种目标：阅读习惯时时提醒着他们父母对他们的爱心；阅读习惯使他们能运用书本作为奋斗的利器。如此说来，从小培养孩子爱书、读书的习惯，确实是父母责无旁贷的重任。